Am **Ende jedes Kapitels** gibt es einen **Test**, mit dem du prüfen kannst, ob du die Inhalte der jeweiligen Themenbereiche anwenden kannst.

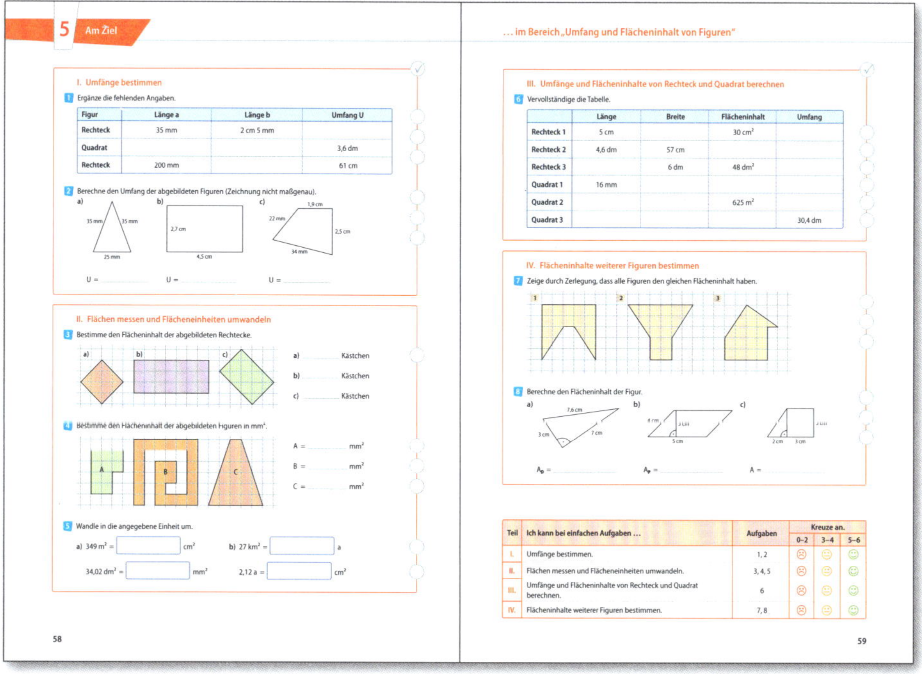

5 Am Ziel

I. Umfänge bestimmen

1 Ergänze die fehlenden Angaben.

Figur	Länge a	Länge b	Umfang U
Rechteck	35 mm	2 cm 5 mm	
Quadrat			3,6 dm
Rechteck	200 mm		61 cm

2 Berechne den Umfang der abgebildeten Figuren (Zeichnung nicht maßgenau).

a) 35 mm, 35 mm, 25 mm b) 2,7 cm, 4,5 cm c) 1,9 cm, 22 mm, 2,5 cm, 34 mm

U = ____ U = ____ U = ____

II. Flächen messen und Flächeneinheiten umwandeln

3 Bestimme den Flächeninhalt der abgebildeten Rechtecke.

a) ____ Kästchen
b) ____ Kästchen
c) ____ Kästchen

4 Bestimme den Flächeninhalt der abgebildeten Figuren in mm².

A = ____ mm²
B = ____ mm²
C = ____ mm²

5 Wandle in die angegebene Einheit um.

a) $349\,m^2$ = ____ cm^2 b) $27\,km^2$ = ____ a

$34{,}02\,dm^2$ = ____ mm^2 2,12 a = ____ cm^2

58

… im Bereich „Umfang und Flächeninhalt von Figuren"

III. Umfänge und Flächeninhalte von Rechteck und Quadrat berechnen

6 Vervollständige die Tabelle.

	Länge	Breite	Flächeninhalt	Umfang
Rechteck 1	5 cm		$30\,cm^2$	
Rechteck 2	4,6 dm	57 cm		
Rechteck 3		6 dm	$48\,dm^2$	
Quadrat 1	16 mm			
Quadrat 2			$625\,m^2$	
Quadrat 3				30,4 dm

IV. Flächeninhalte weiterer Figuren bestimmen

7 Zeige durch Zerlegung, dass alle Figuren den gleichen Flächeninhalt haben.

8 Berechne den Flächeninhalt der Figur.

a) 7,6 cm, 3 cm, 7 cm b) 5 cm c) 2 cm, 3 cm

A_D = ____ A_P = ____ A = ____

Teil	Ich kann bei einfachen Aufgaben …	Aufgaben	Kreuze an. 0–2	3–4	5–6
I.	Umfänge bestimmen.	1, 2			
II.	Flächen messen und Flächeneinheiten umwandeln.	3, 4, 5			
III.	Umfänge und Flächeninhalte von Rechteck und Quadrat berechnen.	6			
IV.	Flächeninhalte weiterer Figuren bestimmen.	7, 8			

59

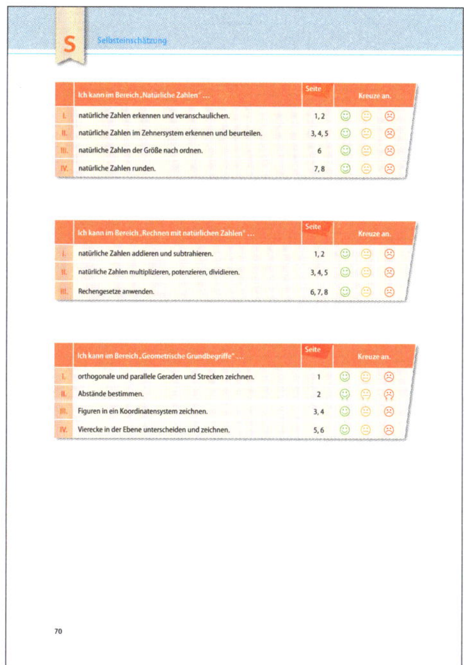

S Selbsteinschätzung

	Ich kann im Bereich „Natürliche Zahlen" …	Seite	Kreuze an.
I.	natürliche Zahlen erkennen und veranschaulichen.	1, 2	
II.	natürliche Zahlen im Zehnersystem erkennen und beurteilen.	3, 4, 5	
III.	natürliche Zahlen der Größe nach ordnen.	6	
IV.	natürliche Zahlen runden.	7, 8	

	Ich kann im Bereich „Rechnen mit natürlichen Zahlen" …	Seite	Kreuze an.
I.	natürliche Zahlen addieren und subtrahieren.	1, 2	
II.	natürliche Zahlen multiplizieren, potenzieren, dividieren.	3, 4, 5	
III.	Rechengesetze anwenden.	6, 7, 8	

	Ich kann im Bereich „Geometrische Grundbegriffe" …	Seite	Kreuze an.
I.	orthogonale und parallele Geraden und Strecken zeichnen.	1	
II.	Abstände bestimmen.	2	
III.	Figuren in ein Koordinatensystem zeichnen.	3, 4	
IV.	Vierecke in der Ebene unterscheiden und zeichnen.	5, 6	

70

Dem Arbeitsheft sind die **Lösungen** zu den Übungen beigelegt, welche du zur Kontrolle verwenden kannst.

Am Ende des Arbeitshefts hast du die Möglichkeit, deine **Fähigkeiten selbst einzuschätzen.** Wenn du merkst, dass du bei einem Thema noch Probleme hast, solltest du dir die Merkkästen und die Übungen nochmal ansehen!

Die **Lernsoftware LIFT** bietet dir weiteres Übungsmaterial in ansprechender digitaler Aufbereitung und mit automatisierter Kontrolle der Lösungen.

Hinweise zu LIFT findest du auf der hinteren Einband-Innenseite.

mathe.delta
Nordrhein-Westfalen – G9
Mathematik für das Gymnasium
Herausgegeben von Michael Kleine und Christian van Randenborgh

ArbeitsheftPlus 5 mit Lernsoftware
Bearbeitet von Michael Kleine

1. Auflage, 2. Druck 2021
Alle Drucke dieser Auflage sind, weil untereinander unverändert, nebeneinander benutzbar.

Dieses Werk folgt der reformierten Rechtschreibung und Zeichensetzung. Ausnahmen bilden Texte, bei denen künstlerische, philologische oder lizenzrechtliche Gründe einer Änderung entgegenstehen.

Redaktion: Lisa Hepp
Layout: tiff.any GmbH, Berlin
Satz und Umschlag: Wildner + Designer GmbH, Fürth
Druck und Bindung: Brüder Glöckler GmbH, Wöllersdorf

www.ccbuchner.de

ISBN 978-3-661-**61181**-5

1 Natürliche Zahlen

2 Rechnen mit natürlichen Zahlen

3 Geometrische Grundbegriffe

4 Rechnen mit Größen

5 Umfang und Flächeninhalt von Figuren

6 Teile und Anteile

I. Zahlen in eine Stellenwerttafel eintragen

1 Trage die Zahlen in die Stellenwerttafel ein. Beachte:

- Die Stellenwerttafel ist von rechts nach links nach aufsteigenden Stellen aufgebaut: Einer (E), Zehner (Z), Hunderter (H), Tausender (T), …
- Die Ziffern einer Zahl werden ihren Stellenwerten entsprechend in die Stellenwerttafel eingetragen.

a) 4765 **b)** 2009 **c)** 84 021 **d)** sechshundertsiebenundzwanzig
e) neunundsechzigtausendneunundachtzig **f)** eintausendvierhundertelf

	ZT	T	H	Z	E
a)					
b)					
c)					
d)					
e)					
f)					

II. Zahlen am Zahlenstrahl eintragen und ablesen

2 Trage die Zahlen am Zahlenstrahl ein. Beachte:

- Die Zahlen sind am Zahlenstrahl von links nach rechts aufsteigend angeordnet.
- Finde heraus, welchen Abstand zwei große und zwei kleine Striche haben.

1 850; 270; 410; 660 **2** 190; 1050; 20; 530

3 Lies die markierten Zahlen am Zahlenstrahl ab.

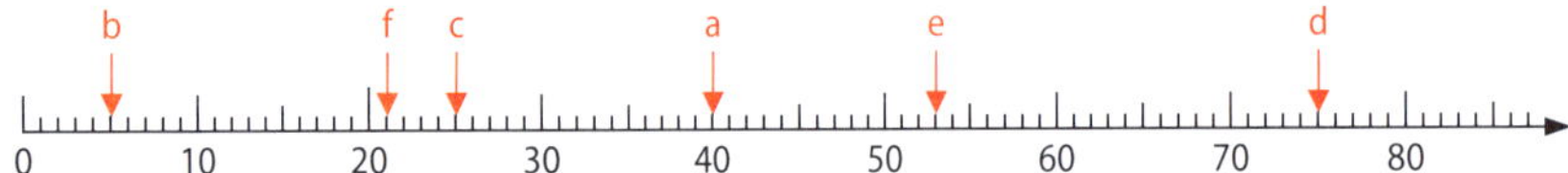

1 a: ______ b: ______ c: ______ **2** d: ______ e: ______ f: ______

4 Schätze, welche Zahlen auf dem Zahlenstrahl markiert sind.

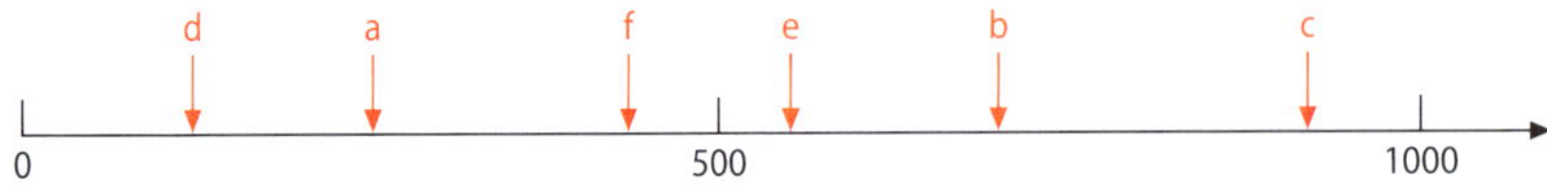

1 a: ______ b: ______ c: ______ **2** d: ______ e: ______ f: ______

III. Zahlen ordnen

- Zahlen können in aufsteigender Reihenfolge geordnet werden. Beginne mit der kleinsten Zahl. Suche danach die nächstgrößere Zahl und fahre in derselben Weise fort.
- Zahlen können in absteigender Reihenfolge geordnet werden. Beginne mit der größten Zahl. Suche danach die nächstkleinere Zahl und fahre in derselben Weise fort.

5 a) Ordne die Zahlen in aufsteigender Reihenfolge. 2511; 34; 866; 2412; 29; 617; 10 030; 31; 399

b) Ordne die Zahlen in absteigender Reihenfolge. 63; 102; 480; 14; 73 100; 479; 58; 0; 7100

6 Die Schülerinnen und Schüler der Klasse 5a untersuchen, wie schwer ihre Schultaschen sind. Sie haben ihre Schultaschen gewogen und die Ergebnisse (in Gramm) aufgeschrieben.

Max	Tarek	Matthias	Antonie	Anna	Eva
7214	5685	8105	7325	5096	4775
Luca	**Susanne**	**Maike**	**Anuthida**	**Anna-Maria**	**Justin**
5222	4863	5217	4433	5010	7328
Aylin	**Marie**	**Sabrina**	**Kilian**	**Faris**	**Michail**
7275	8211	9199	3966	4601	8108

a) Ordne das Gewicht der Schultaschen in aufsteigender Reihenfolge.

b) Gib an, wer die leichteste (schwerste) Schultasche hat.

Die leichteste Tasche hat ______________________.

Die schwerste Tasche hat ______________________.

Teil	Ich kann …	Aufgaben	Kreuze an.		
			0–2	3–4	5–6
I.	Zahlen in eine Stellenwerttafel eintragen.	1	☹	😐	☺
II.	Zahlen am Zahlenstrahl eintragen und ablesen.	2, 3, 4	☹	😐	☺
III.	Zahlen ordnen.	5, 6	☹	😐	☺

Sammeln und Veranschaulichen von natürlichen Zahlen

1 Untersuche die Farben der Autos auf dem Bild. Vervollständige dazu die Strichliste.

Insgesamt sind ______ Autos auf dem Bild zu sehen.

Farbe	Strichliste	Anzahl
Schwarz		

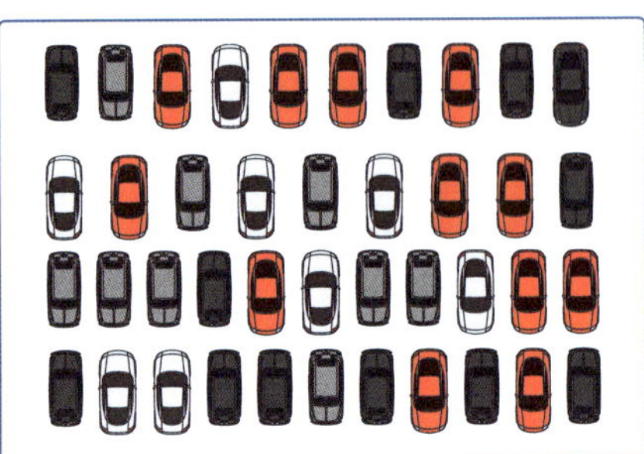

2 In der Klasse 5c wurden folgende Noten erzielt: 4 Schüler haben die Note 1, 10 die Note 2, 4 die Note 3, 1 Schüler die Note 4, 3 Schüler die Note 5 und kein Schüler die Note 6. Vervollständige die Tabelle.

Noten	1	2	3	4	5	6	Gesamtzahl Schüler
Anzahl							

3 In der Mensa kann zwischen mehreren Gerichten gewählt werden. Die Tabelle zeigt die Auswahl einer Klasse an einem Tag.

Suppe (S)

Fisch (F)

Vegetarisch (V)

Beilagensalat (B)

Nachtisch (N)

Name	Gericht	Name	Gericht
Chanel	F, B	Emilian	S, F, N
Lenja	S, V, B	Theresa	S, F, B, N
Joana	V, N	Jordan	S, V, B
Niklas	F, B, N	Mirja	S, B, N
Marie	V, B	Max	S, V
Jenny	F, B, N	Svenja	V, N
Jule	S, V, B	Emma	S, V
Kathi	F, B, N	Johanna	S, V, B
Rita	V, N	Sabine	F, N
Lizzi	S, B	Stefan	S, F, B, N
Yussuf	S, V, N	Mareike	F, B, N
Steffen	S, V, N	Gesa	F, B
Kira	V, B, N	Margit	F

a) Gib an, wie viele Portionen von jedem Gericht bestellt werden.

	Suppe (S)	Fisch (F)	Vegetarisch (V)	Beilagensalat (B)	Nachtisch (N)
Strichliste					
Anzahl					

b) Die Mensa berechnet für eine Suppe 50 ct, Fisch und vegetarisches Gericht je 2 €, Beilagensalat 1 € und Nachtisch 80 ct. Berechne, wie viel Geld in der Klasse eingesammelt werden muss.

Antwort: ______

Schülerbuch Seite 12

4 Bei einer Umfrage nach der Lieblingssportart in der Klasse 5b ergaben sich folgende Ergebnisse: Für Handball (H) stimmten drei, für Fußball (F) neun, für Leichtathletik (L) acht, für Turnen (T) fünf und für sonstige Sportarten (S) ebenfalls fünf Schüler.

a) Trage die Ergebnisse in die Tabelle ein.

Lieblingssportart	H	F	L	T	S
Anzahl der Schüler					

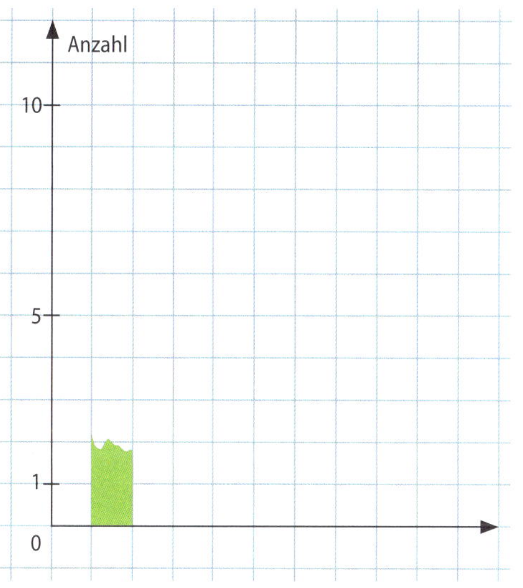

b) Stelle die Ergebnisse in einem Säulendiagramm dar.

c) Entscheide, welche Aussagen wahr (w) bzw. falsch (f) sind. Lässt sich keine Aussage machen, kreuze ? an.

w	f	?	
☐	☐	☐	Fußball ist die beliebteste Sportart.
☐	☐	☐	Mehr Jungen als Mädchen spielen Fußball.
☐	☐	☐	Handball und Turnen sind zusammen genauso beliebt wie Turnen und Leichtathletik.
☐	☐	☐	Es gibt keinen Schüler, der mehr als eine Sportart ausübt.
☐	☐	☐	In der Klasse sind 30 Schüler.
☐	☐	☐	Unter „Sonstiges“ verbergen sich mindestens zwei verschiedene Sportarten.
☐	☐	☐	Turnen ist die am wenigsten beliebte Sportart.

5 Die Bauwerke haben in etwa die angegebenen Höhen. Vervollständige das Säulendiagrammm.

ARAG-Tower
Düsseldorf
120 m

Bilsteinturm
Marsberg
30 m

Florianturm
Dortmund
210 m

Herrmannsdenkmal
Detmold
50 m

Kölner Dom
160 m

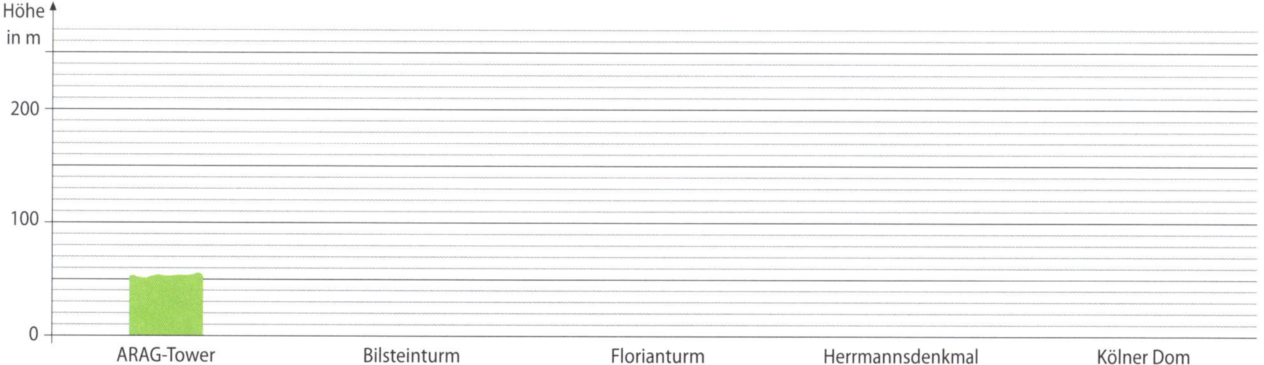

➲ *Schülerbuch Seite 14*

Darstellen von natürlichen Zahlen – das Zehnersystem

1 Trage die fehlenden Zahlen in die Tabelle ein.

Vorgänger			2215		324 741		
Zahl	256	8473				164 875	
Nachfolger				18 751			246 900

2 Trage die folgenden Zahlen in die Stellenwerttafel ein.

Zahl	**Milliarden**			**Millionen**			**HT**	**ZT**	**T**	**H**	**Z**	**E**
1 4935												
2 14 874												
3 117 480 127 642												
4 14 587 124												
5 4 945 684 135												

3 Ordne die in Worten geschriebenen Zahlen richtig zu.

sechzehntausendvierhundertfünfundachtzig	9822
zweihunderteinundsiebzigtausenddrei	16 485
neuntausendachthundertzweiundzwanzig	431
vierzehntausendeins	1 206 083
vierhunderteinunddreißig	271 003
eine Million zweihundertsechstausenddreiundachtzig	14 001

4 Notiere die Zahlen in Worten.

a) 567: ______

b) 2198: ______

c) 620 067: ______

d) 5 400 250: ______

5 Notiere die Zahlen als Additionsaufgabe mit den Stellenwerten.

a) 5691 = 5 T + 6 H + 9 Z + 1 E

b) 53 014 = ______

c) 80 012 = ______

d) 202 907 = ______

e) 540 094 = ______

f) 14 000 890 = ______

Schülerbuch Seite 16

Ordnen von natürlichen Zahlen

1 Notiere die Zahlen an den markierten Stellen.

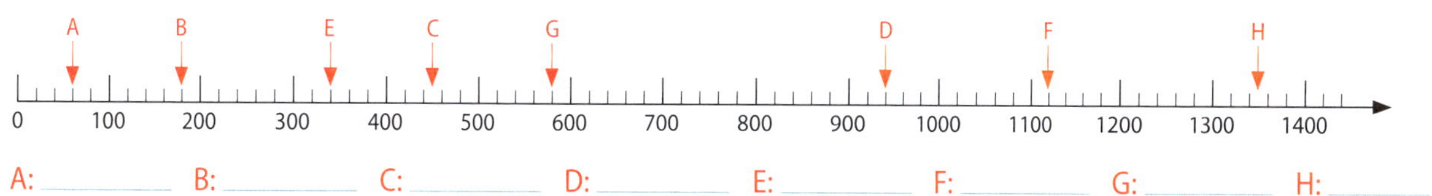

A: ______ B: ______ C: ______ D: ______ E: ______ F: ______ G: ______ H: ______

2 Trage die Zahlen am Zahlenstrahl an. Es ergibt sich in der Reihenfolge der Zahlen ein Lösungswort.

a) C: 12 E: 88 E: 116 F: 57 H: 21 I: 102 L: 45 N: 126 R: 92 S: 8 U: 42

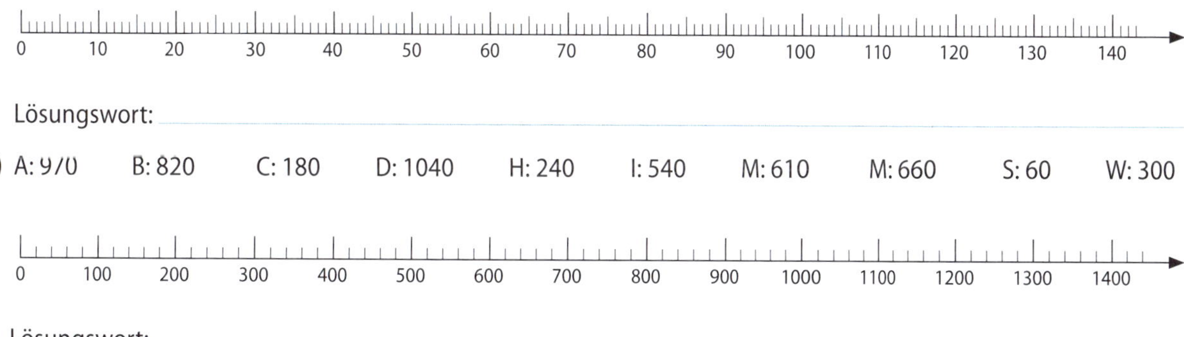

Lösungswort: ______________________

b) A: 970 B: 820 C: 180 D: 1040 H: 240 I: 540 M: 610 M: 660 S: 60 W: 300

0 100 200 300 400 500 600 700 800 900 1000 1100 1200 1300 1400

Lösungswort: ______________________

3 Ordne die Zahlen der Größe nach.

a) 229 321 312 292 299 301 297 397

______ < ______ < ______ < ______ < ______ < ______ < ______ < ______

b) 3030 3330 3033 3003 3333 3233 3399

______ > ______ > ______ > ______ > ______ > ______ > ______

4 Setze die Zeichen <, > oder = für den Platzhalter ein. ▯ steht für eine beliebige Ziffer.

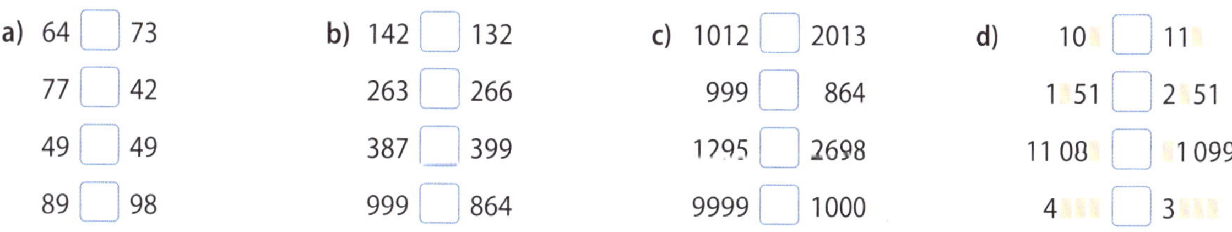

a)		b)		c)		d)	
64 □ 73		142 □ 132		1012 □ 2013		10▯ □ 11▯	
77 □ 42		263 □ 266		999 □ 864		1▯51 □ 2▯51	
49 □ 49		387 □ 399		1295 □ 2698		11 08▯ □ ▯1 099	
89 □ 98		999 □ 864		9999 □ 1000		4▯▯▯ □ 3▯▯▯	

5 Setze die Zahlenreihe fort. Gib die Vorschrift an, mit der die Reihe fortgesetzt wird.

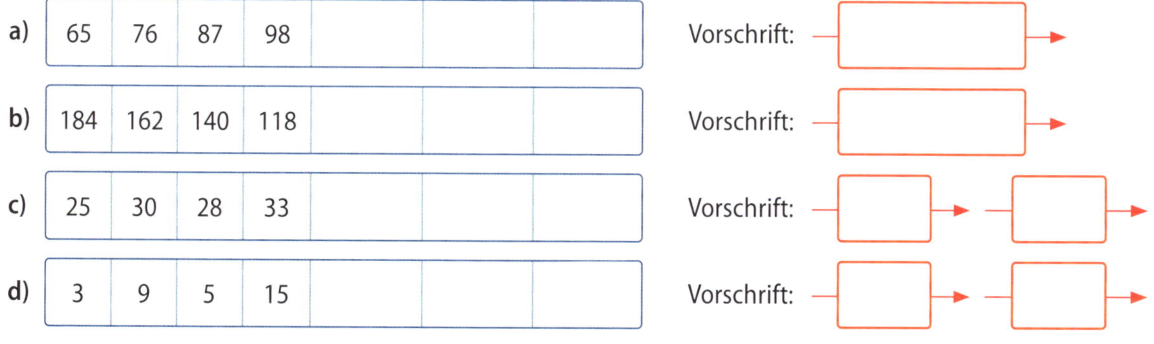

a)

65	76	87	98			

Vorschrift: —[ ]→

b)

184	162	140	118			

Vorschrift: —[ ]→

c)

25	30	28	33			

Vorschrift: —[ ]→ —[ ]→

d)

3	9	5	15			

Vorschrift: —[ ]→ —[ ]→

➲ *Schülerbuch Seite 20*

Runden und Schätzen von natürlichen Zahlen

1 Runde die Zahl 285 409 273 jeweils auf die angegebene Stelle.

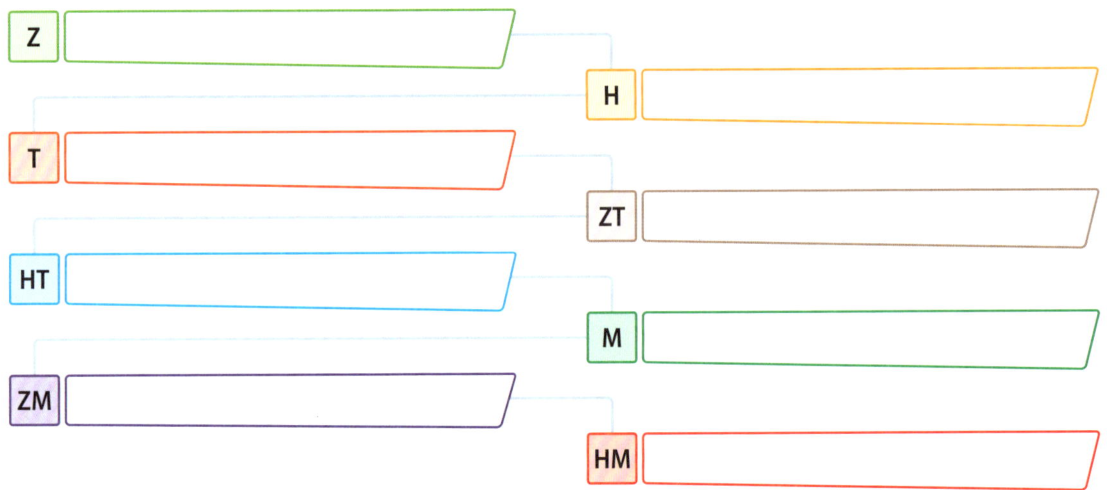

2 Runde die folgenden Zahlen auf Zehner, Hunderter und Tausender.

Zahl	gerundet auf		
	Zehner	Hunderter	Tausender
1 3 962			
2 8 421			
3 10 479			
4 66 999			
5 154 761			
6 228 465			

3 Gib jeweils alle Ziffern an, die du in die Leerstelle ▯ einsetzen kannst.

1	679▯ ≈ 6 790	
2	5▯5 ≈ 500	
3	7▯35 ≈ 8 000	
4	31 5▯2 ≈ 31 600	

5	59▯54 ≈ 60 000	
6	4▯9 895 ≈ 400 000	
7	7▯1 234 ≈ 800 000	
8	499▯31 ≈ 500 000	

4 Folgende Einwohnerzahlen sind auf die in Klammern angegebene Stelle gerundet.
Gib die kleinste und die größte Zahl an, zwischen denen die tatsächliche Einwohnerzahl liegt.

	Gütersloh	Bonn	Nordrhein-Westfalen
gerundete Zahl	97 000 (T)	300 000 (HT)	18 000 000 (Mio)
kleinste mögliche Zahl			
größte mögliche Zahl			

Schülerbuch Seite 22

5 Lege ein geeignetes Raster über die Bilder und schätze möglichst genau

a) die Anzahl der Menschen.

Schätzung: ____________________

b) die Anzahl der Kartoffeln.

Schätzung: ____________________

6 Schätze, wie viele Bretter auf dem Bild zu sehen sind. Beschreibe dein Vorgehen.

Schätzung: ____________________

Vorgehen: ____________________

____

____

____

____

7 Die Abbildung zeigt einen Größenvergleich zwischen einem Menschen, einer Giraffe und einem Dinosaurier.
Ein Mensch ist etwa 170 cm groß.
Schätze möglichst genau die Größe der beiden Tiere.

Giraffe: ____________________

Dinosaurier: ____________________

I. Natürliche Zahlen erkennen und veranschaulichen

1 An einer Schule wurden Schüler nach ihrer beliebtesten Sportart befragt.
Das Diagramm zeigt einen Ausschnitt des Ergebnisses. Vervollständige die Tabelle.

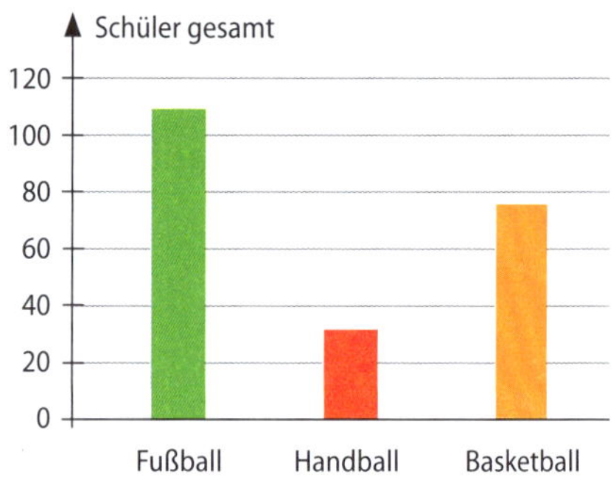

Sportart	Gesamt-nennung	davon Mädchen	davon Jungen
Fußball		16	
Handball			12
Basketball		44	

2 Das Diagramm zeigt das Ergebnis einer Umfrage in der Klasse 5a zu den Sportarten, die die Schüler nachmittags in einem Verein betreiben. Die Schüler durften dabei auch mehr als eine Antwort geben. Kreuze an, welche Aussagen sich anhand des Diagramms treffen lassen.

14, 12, 10, 8, 6, 4, 2, 0
Fußball | Basketball | Leicht-athletik | Schwim-men | Judo/Karate | Tanzen/Balett

- ☐ Es spielen 12 Schüler der Klasse in einem Verein Fußball.
- ☐ Zählt man alle Anzahlen der Sportarten zusammen, dann kennt man die Anzahl der Schüler in der Klasse 5a.
- ☐ Gleich hohe Säulen bedeuten, dass gleich viele Schüler diese Sportart in einem Verein betreiben.

II. Natürliche Zahlen im Zehnersystem erkennen und beurteilen

3 a) Bestimme die Zahl, die um 25 kleiner ist als 10 023. ______

b) Bestimme die Zahl, die um 17 größer ist als 905 995. ______

c) Bestimme die Zahl, die um 250 kleiner ist als 110 000 125. ______

4 Setze das richtige Zeichen <, > oder = ein.

a) 425 ☐ 417 b) 1630 ☐ 1650 c) 9999 ☐ 10 000 d) 1 Million ☐ 1 000 000

5 Kreuze die richtige Lösung an.

a) Wenn man bei einer 3-stelligen Zahl links die Ziffer 2 anfügt, dann …

- ☐ verdoppelt sich die Zahl.
- ☐ vergrößert sich die Zahl um 200.
- ☐ vergrößert sich die Zahl um 2000.
- ☐ verändert sich die Zahl nicht.

b) Wenn man bei der Zahl 4579 die Ziffer der Tausenderstelle entfernt, dann …

- ☐ verringert sich die Zahl um 4.
- ☐ verringert sich die Zahl um 4000.
- ☐ verändert sich die Zahl nicht.
- ☐ vergrößert sich die Zahl um 4000.

III. Natürliche Zahlen der Größe nach ordnen

6 a) Bestimme die größte fünfstellige Zahl.

☐ ☐ ☐ ☐ ☐

b) Bestimme die größte fünfstellige Zahl aus verschiedenen Ziffern.

☐ ☐ ☐ ☐ ☐

c) Vertausche die Ziffern der Einerstelle und Hunderterstelle miteinander. Kreuze an.

Zahl	Die Zahl ist nach dem Vertauschen der Ziffern …		
1 **3456**	☐ kleiner geworden.	☐ größer geworden.	☐ gleich groß geblieben.
2 **13 460**	☐ kleiner geworden.	☐ größer geworden.	☐ gleich groß geblieben.
3 **240 404**	☐ kleiner geworden.	☐ größer geworden.	☐ gleich groß geblieben.
4 **48 758**	☐ kleiner geworden.	☐ größer geworden.	☐ gleich groß geblieben.

IV. Natürliche Zahlen runden

7 Runde auf den angegebenen Stellenwert.

	Ausgangszahl	gerundet auf …		
		Hunderter	Tausender	Hunderttausender
a)	627 835			
b)	3 418 902			

8 Gib jeweils alle Ziffern an, die du in die Leerstelle ▯ einsetzen kannst.

a)	359▯ ≈ 3590	
b)	156▯5 ≈ 15 600	
c)	28▯58 ≈ 29 000	
d)	75▯76 ≈ 80 000	

Teil	Ich kann bei einfachen Aufgaben …	Aufgaben	Kreuze an.		
			0–2	3–4	5–6
I.	natürliche Zahlen erkennen und veranschaulichen.	1, 2	☹	😐	☺
II.	natürliche Zahlen im Zehnersystem erkennen und beurteilen.	3, 4, 5	☹	😐	☺
III.	natürliche Zahlen der Größe nach ordnen.	6	☹	😐	☺
IV.	natürliche Zahlen runden.	7, 8	☹	😐	☺

I. Das 1x1 aufzählen und berechnen

1 Kreuze alle Vielfachen von 4 in rot, alle Vielfachen von 6 in blau und alle Vielfachen von 7 in grün an.

1	2	3	4	5	6	7	8	9	10
11	12	13	14	15	16	17	18	19	20
21	22	23	24	25	26	27	28	29	30
31	32	33	34	35	36	37	38	39	40
41	42	43	44	45	46	47	48	49	50
51	52	53	54	55	56	57	58	59	60
61	62	63	64	65	66	67	68	69	70
71	72	73	74	75	76	77	78	79	80
81	82	83	84	85	86	87	88	89	90
91	92	93	94	95	96	97	98	99	100

2 Vervollständige die Rechenhäuser.

· 8	
4	
	72
12	
	152

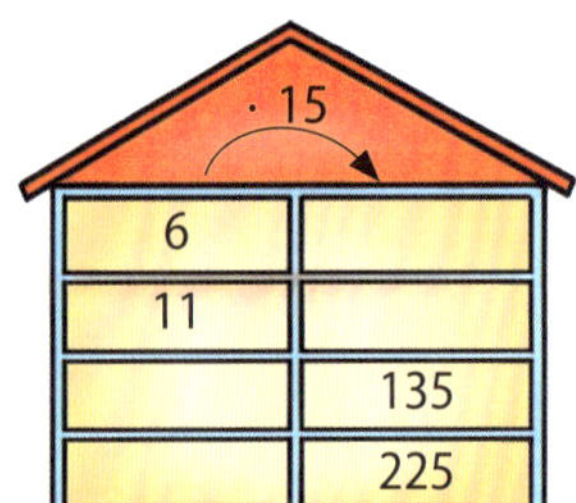

3 Nutze das 1x1 und berechne im Kopf.

Beispiele

1 26 · 8 = ?
Lösungsmöglichkeit: 1. Schritt: 20 · 8 = 160
2. Schritt: 6 · 8 = 48
3. Schritt: 26 · 8 = 208

2 126 : 3 = ?
Lösungsmöglichkeit: 1. Schritt: 120 : 3 = 40
2. Schritt: 6 : 3 = 2
3. Schritt: 126 : 3 = 42

3 0 · 12 = 0
Lösungsmöglichkeit: 25 · 0 = 0

4 0 : 15 = 0
Lösungsmöglichkeit: 8 : 0 geht nicht.

a) 12 · 5 = ______ b) 6 · 88 = ______ c) 101 · 0 = ______ d) 76 : 4 = ______

II. Halbschriftlich multiplizieren und dividieren

4 Multipliziere halbschriftlich.

a)
6 · 57 =
6 · 50 =
6 · 7 =
6 · 57 =

b)
7 · 234 =
7 · 200 =
7 · 30 =
7 · 4 =
7 · 234 =

5 Dividiere halbschriftlich.

a)
1312 : 8 =
800 : 8 =
480 : 8 =
32 : 8 =
1312 : 8 =

b)
2761 : 11 =
2200 : 11 =
500 : 11 =
11 : 11 =
2761 : 11 =

6 Berechne halbschriftlich.

a) 15 · 245 =

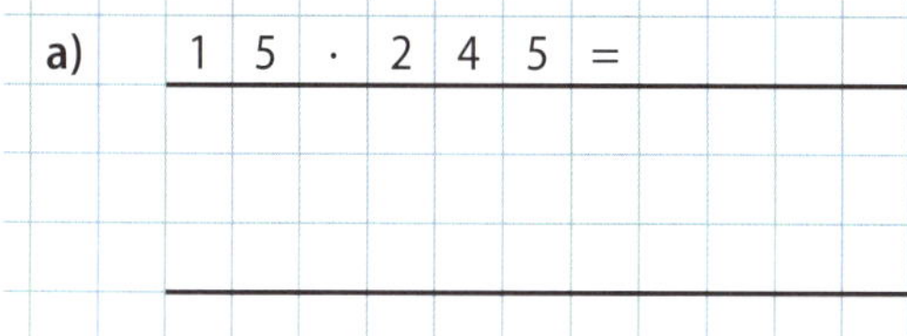

b) 1536 : 12 =

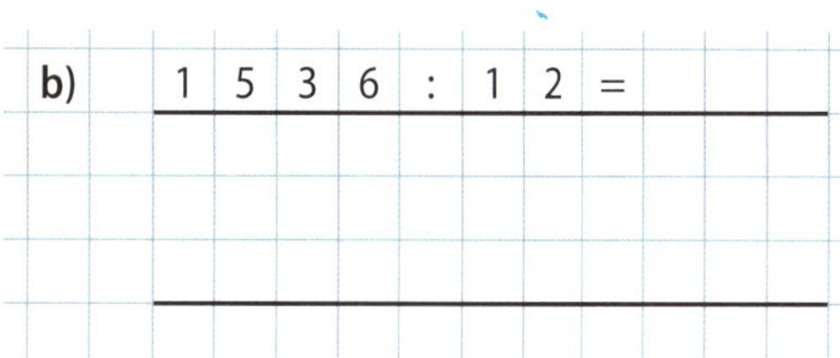

III. Sachaufgaben lösen

7 Gib an, welche Angaben in der folgenden Aufgabe überflüssig sind, und löse dann die Aufgabe.

Hanna bastelt einen Wandschmuck für ihr Kinderzimmer, den sie über ihrem 180 cm langen Bett anbringen möchte. Sie kauft dafür ein 80 cm langes rotes und ein 60 cm langes grünes Geschenkband für je 2,40 €. Dann zerschneidet sie beide Bänder in 5 cm lange Teile. Ermittle, wie viele rote und wie viele grüne Teile sie erhält.

Überflüssige Angaben: ____________________

Rechnung:

Antwort: ____________________

Teil	Ich kann ...	Aufgaben	Kreuze an.		
			0–2	3–4	5–6
I.	das 1x1 aufzählen und berechnen.	1, 2, 3	☹	😐	☺
II.	Halbschriftlich multiplizieren und dividieren.	4, 5, 6	☹	😐	☺
III.	Sachaufgaben lösen.	7	☹	😐	☺

1 Addiere schriftlich.

a)
```
  3489
+ 5294
+   65
------
  □
```

b)
```
  8494
+  658
+ 9842
------
  □
```

c)
```
  7492
+   99
+ 3567
------
  □
```

d)
```
  6596
+ 4355
+  799
------
  □
```

e)
```
   697
+  555
+ 9096
------
  □
```

2 Vervollständige die Zahlenmauer.

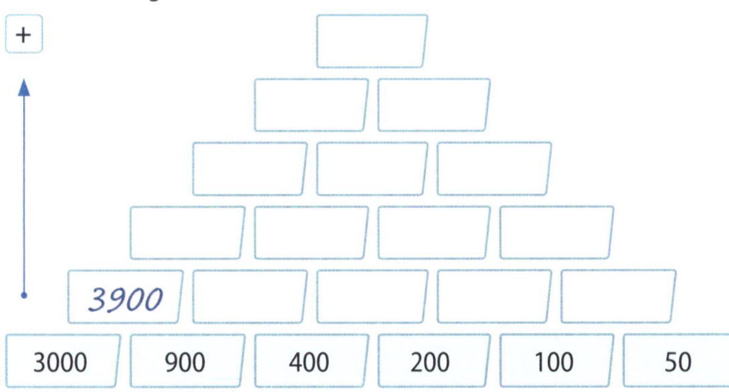

3 Bei der letzten Schulsprecherwahl erhielt Anna 521 Stimmen, Ben 405, für Alexander wurden 116 Stimmen gezählt und auf Sarah entfielen 324. Berechne, wie viele Schülerinnen und Schüler insgesamt gewählt haben, wenn jeder nur eine Stimme abgeben konnte.

Antwort: Insgesamt haben sich ____________ Schülerinnen und Schüler an der Wahl beteiligt.

4 Familie Neis hat in den Sommerferien eine Reise durch Nordrhein-Westfalen mit dem Wohnmobil gemacht. Hier siehst du die Reisenotizen.

Bestimme die Strecke, die Familie Neis insgesamt zurückgelegt hat.

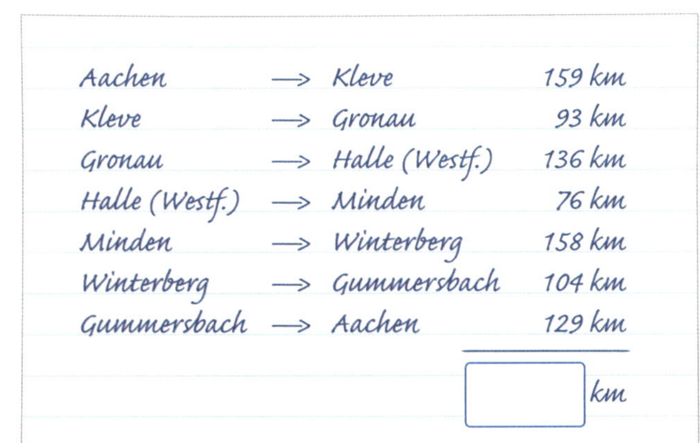

Aachen	→	Kleve	159 km
Kleve	→	Gronau	93 km
Gronau	→	Halle (Westf.)	136 km
Halle (Westf.)	→	Minden	76 km
Minden	→	Winterberg	158 km
Winterberg	→	Gummersbach	104 km
Gummersbach	→	Aachen	129 km
			□ km

Antwort: Familie Neis hat ____________ zurückgelegt.

5 Ergänze die fehlenden Ziffern.

a)
```
    6 5 □ 7 3
+   □ □ 8 6 □
-------------
    8 8 1 □ 5
```

b)
```
    3 □ 4 □ 3
+   4 3 □ 7 2
-------------
    □ 5 1 8 □
```

c)
```
    5 6 □ 1 □
+   □ 2 2 □ 7
-------------
    7 □ 1 9 9
```


Schülerbuch Seite 40

1 Vervollständige die Zahlenmauer.

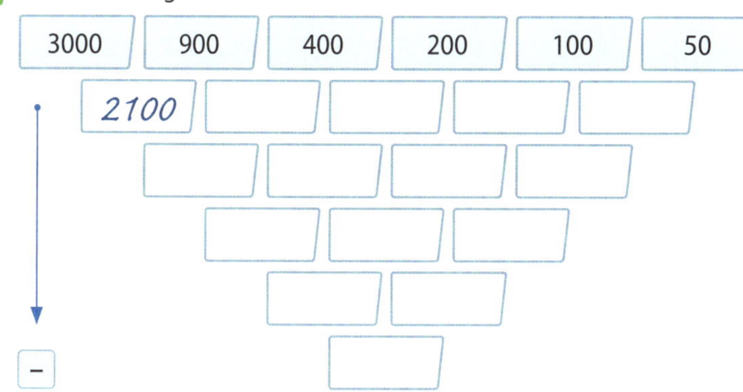

2 Subtrahiere schriftlich.

a)
```
   4287
 −  862
 − 1267
 ------
 [    ]
```

b)
```
   9647
 −  324
 − 7894
 ------
 [    ]
```

c)
```
  12475
 − 3465
 −  478
 ------
 [    ]
```

d)
```
   3247
 −  224
 −  247
 ------
 [    ]
```

e)
```
  96511
 −13455
 − 4972
 ------
 [    ]
```

3 a) Durch Addition oder Subtrakion erhält man immer die Zahl im Dach. Ergänze.

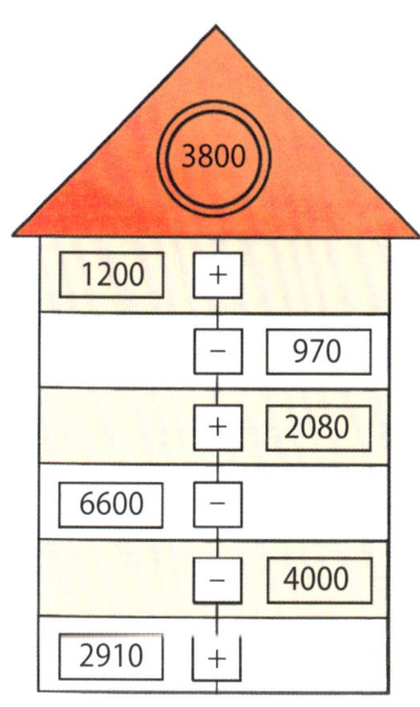

b) Berechne das Ergebnis der Rechenkette und trage es in das Feld ein.

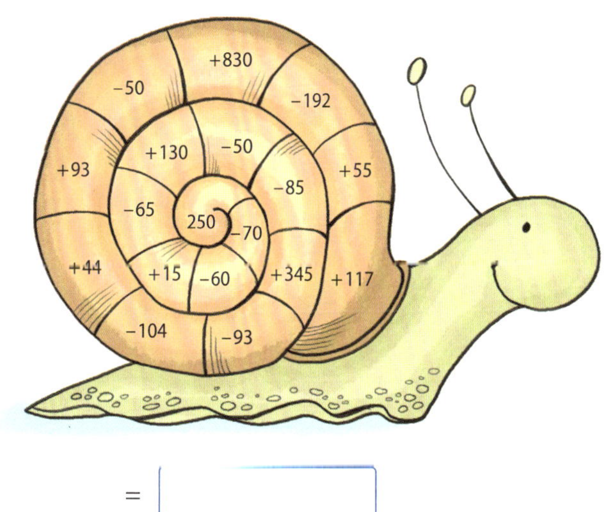

4 Ergänze die fehlenden Ziffern.

a)

```
   9 8 4 □ 3 5
 −   7 □ 5 8 □
 -------------
   □ □ 1 1 □ 3
```

b)
```
   6 8 5 7 2
 − 4 □ 3 □ 1
 -----------
   □ 4 □ 4 □
```

c)
```
   8 6 □ 7 □
 − □ 2 2 □ 2
 -----------
   5 □ 4 5 8
```

d)
```
   4 □ 7 4
 − 3 5 8 □
 ---------
   □ 1 □ 3
```

e)
```
   7 0 □ □ □ 0
 − 5 □ 0 0 9 3
 -------------
   □ 6 0 6 7 7
```

f)
```
   8 9 2 7 5 3
 − □ □ □ □ □ □
 -------------
   4 0 0 9 0 4
```

Schriftliches Multiplizieren von natürlichen Zahlen

1 Multipliziere im Kopf.

a) 23 · 2 = ____ 54 · 2 = ____ 121 · 2 = ____

b) 21 · 3 = ____ 42 · 3 = ____ 142 · 3 = ____

c) 4 · 32 · 2 = ____ 3 · 12 · 4 = ____ 1 · 92 · 11 = ____

d) 300 · 50 · 4 = ____ 100 · 78 · 5 = ____ 125 · 8 · 40 = ____

2 Ersetze die Summe durch ein Produkt und berechne im Kopf.

a) 13 + 13 + 13 + 13 + 13 + 13 = ____ · ____ = ____

b) 21 + 21 + 21 + 21 + 21 = ____ · ____ = ____

c) 4 + 4 + 4 + 4 + 4 + 4 + 4 + 4 + 4 + 4 = ____ · ____ = ____

d) 125 + 125 + 125 + 125 = ____ · ____ = ____

e) 240 + 240 + 240 + 240 = ____ · ____ = ____

f) 169 + 169 + 169 = ____ · ____ = ____

3 Ersetze das Produkt durch eine Summe und berechne anschließend im Kopf.

a) 6 · 54 = 54 + 54 + 54 + 54 + 54 + 54 = ____

b) 4 · 32 = ____

c) 5 · 12 = ____

d) 8 · 7 = ____

e) 4 · 15 = ____

f) 3 · 302 = ____

4 Fülle die Tabellen aus.

a)

·	10	100	1000
8020			
923			
6431			
4693			

b)

·	10	100	1000
1256			
236			
123			
3210			

5 Ergänze die fehlenden Angaben der Rechenbäume.

a)

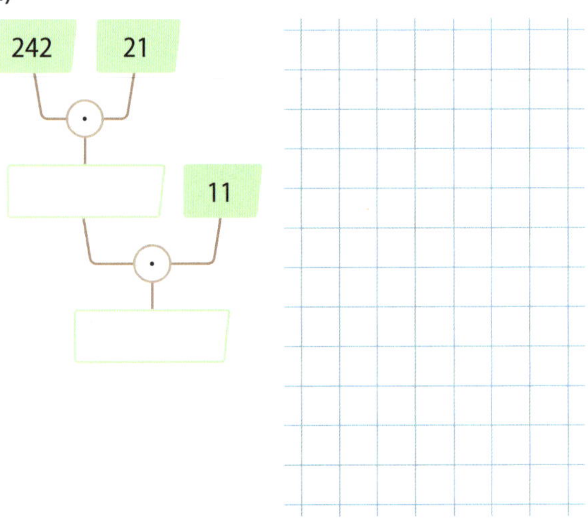

b)

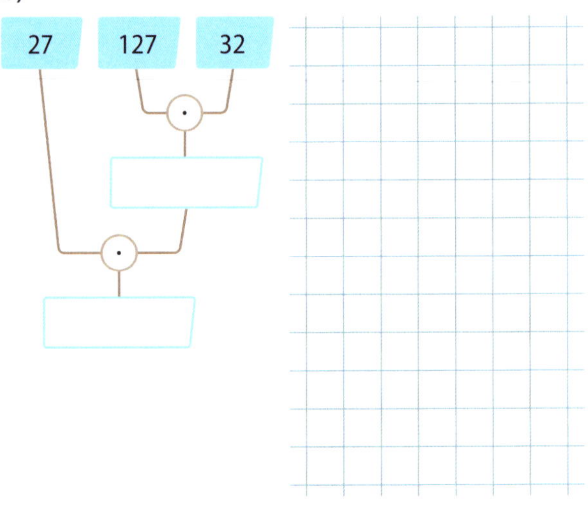

Schülerbuch Seite 50

1 Dividiere im Kopf.

a) 24 : 2 = ______

36 : 9 = ______

18 : 18 = ______

b) 144 : 12 = ______

200 : 20 = ______

120 : 8 = ______

c) 100 : 5 : 2 = ______

125 : 25 : 5 = ______

117 : 3 : 13 = ______

2 Fülle die Tabellen aus.

a)

:	2	8	4	9
64				7 R 1
72				
216				
320				

b)

:	2	3	9
18	9		
108			
303			
1000			

3 Berechne schriftlich.

a) 1 9 9 8 : 1 8 = 1 1
− 1 8
1 9

b) 5 7 8 4 : 2 4 =

4 Familie Rademacher hat bei ihrem 14-tägigen Sommerurlaub 2030 km mit dem Wohnwagen durch Deutschland zurückgelegt. Gib an, wie viele Kilometer sie täglich im Schnitt gefahren sind.

Antwort: Familie Rademacher ist täglich im Schnitt ______ km gefahren.

5 a) Berechne den Quotienten aus 945 und 25.

______

b) Berechne: Der Divisor heißt 18, der Dividend 810.

______

➲ *Schülerbuch Seite 54*

Rechnen mit natürlichen Zahlen

Potenzieren von natürlichen Zahlen

1 Schreibe als Potenz und berechne.

a) $3 \cdot 3 \cdot 3 \cdot 3 \cdot 3 \cdot 3 =$ 3^6 = 729

b) $10 \cdot 10 \cdot 10 \cdot 10 =$ ______ = ______

c) $5 \cdot 5 \cdot 5 \cdot 5 \cdot 5 =$ ______ = ______

d) $8 \cdot 8 \cdot 8 \cdot 8 \cdot 8 \cdot 8 =$ ______ = ______

2 Schreibe als Produkt und berechne.

a) $2^6 =$ ______ = ______

b) $9^4 =$ ______ = ______

c) $15^3 =$ ______ = ______

d) $4^5 =$ ______ = ______

3 Als ein König seinen Hof errichten ließ, suchte er sich verschiedene Arbeiter dafür. Für den Bau seiner Brücke zum Tor fand er Schlaubibus. Dieser machte dem König ein Angebot:
„Ich schaffe es, die Brücke in 14 Tagen zu bauen. Dafür möchte ich am ersten Tag zwei Taler haben, am zweiten Tag vier Taler, am dritten acht, usw.!“ Der König stimmte zu.
Vervollständige die Tabelle. Berechne, wie viele Taler Schlaubibus insgesamt vom König bekommt.

Tag	Tageslohn	Gesamtlohn
1	$2 = 2^1$	2
2	$4 = 2^2$	6
3		
4		
5		
6		
7		
8		
9		
10		
11		
12		
13		
14		

Gesamtlohn Schlaubibus: ______

 Schülerbuch Seite 58

1 Berechne den Term.

a) $4 \cdot 4 + 2 \cdot 6 =$ ______

$11 \cdot 4 - 12 \cdot 2 =$ ______

$15 + 6 - 20 \cdot 1 =$ ______

$100 - 6 \cdot 9 + 48 =$ ______

b) $(5^2 + 7) - 12 \cdot 2 =$ ______

$18 + 55 \cdot (12 - 10) =$ ______

$[(303 - 5^3) + 12] : 19 =$ ______

$92 \cdot 46 - 4275 : 57 =$ ______

2 Setze Klammern, damit das Ergebnis stimmt.

a) $150 + 25 \cdot 2 = 350$

$66 - 18 \cdot 12 = 576$

$22 \cdot 12 + 18 = 660$

$1000 - 28 : 39 + 42 = 12$

b) $181 + 21 \cdot 2 = 404$

$22 - 13 \cdot 1 = 9$

$16 - 14 \cdot 14 = 28$

$195 - 538 + 58 \cdot 4 = 46$

c) $147 \cdot 17 - 12 = 735$

$66 \cdot 10 - 9 = 66$

$18 - 9 \cdot 18 = 162$

$34 \cdot 100 - 4^3 : 204 = 6$

3 Schreibe zunächst als Term und berechne anschließend.

a) Mia kauft vier Kinokarten zu je 7 Euro, eine Limonade für 2 Euro und zwei Tafeln Schokolade für je 1 Euro. Berechne den Gesamtpreis.

Antwort: ______

b) In der Klasse 5b sind 21 Schülerinnen und Schüler. Ihre Mathematiklehrerin kauft für jeden einen Zirkel zu je 8 Euro, ein Geodreieck zu je 1 Euro und ein Heft zu je 2 Euro. Berechne den gesamten Preis für die Klasse 5b.

Antwort: ______

4 Vergleiche die folgenden Terme. Setze <, > oder = ein.

a)

$6 \cdot 5 - 4$ ☐ $61 - 5 \cdot 4$

$12 - 4 \cdot 2$ ☐ $12 \cdot 4 - 2$

$17 \cdot 4 - 60$ ☐ $17 - 60 : 4$

$18 - 2 \cdot 3$ ☐ $8 \cdot 2 - 3$

b)

$(20 - 3) \cdot 2$ ☐ $20 - 3 \cdot 2$

$(120 - 18) \cdot 4$ ☐ $18 \cdot 120 - 4$

$4 \cdot (80 + 8)$ ☐ $4 \cdot 80 + 8$

$6 \cdot 44 - 6$ ☐ $(44 - 6) \cdot 6$

c)

$(27 + 72) : 9$ ☐ $27 + 72 : 9$

$60 : 4 + 6$ ☐ $60 : (4 + 6)$

$(180 - 26) : 2$ ☐ $180 - 26 : 2$

$70 - 210 : 3$ ☐ $210 : 3 - 70$

➲ *Schülerbuch Seite 62*

I. Natürliche Zahlen addieren und subtrahieren

1 Schreibe jeweils die passende Zahl in das Kästchen, die zum Ergebnis 1000 führt.

a) 25 + 100 + ☐ =

b) 177 + ☐ + 250 =

c) 155 + 800 + ☐ =

d) ☐ − 87 =

e) ☐ − 299 =

f) 180 + 220 + 1800 − ☐ =

1000

2 Rechne im Kopf. Du kannst vorteilhaft rechnen.

a) 83 + 45 + 27 = 155

b) 254 + 124 + 86 = ______

c) 321 + 19 + 67 = ______

d) 897 − 222 = ______

e) 564 − 324 − 140 = ______

f) 543 − 56 − 43 = ______

g) 340 + 56 + 244 = ______

h) 560 − 66 − 364 = ______

i) 864 + 226 + 36 = ______

II. Natürliche Zahlen multiplizieren, potenzieren und dividieren

3 Verbinde die passende Aufgabe mit der richtigen Lösung.

$5^2 + 2^3$ | $14 \cdot 20$ | $25 + 2^2$ | $333 : 3$ | $3^2 \cdot 11$ | $120 : 20$

6 | 33 | 99 | 280 | 111 | 29

4 Vervollständige die Rechenbäume.

a) 8 · ☐ = 144

b)

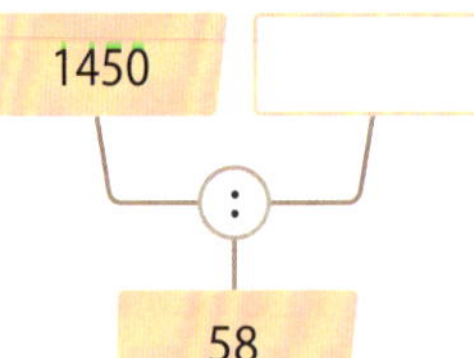

c)

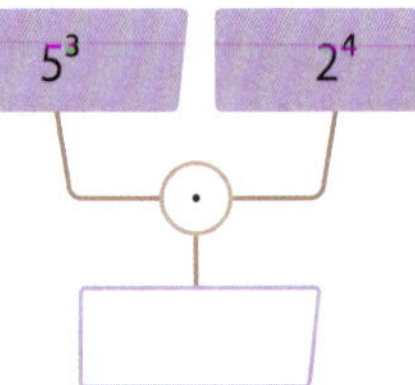

5 Berichtige die Rechnung und mache die Probe.

```
  2 2 1 0 2 5 : 1 0 5 = 2 1 5
- 2 1 0
    1 1 0
  - 1 0 5
        5 2 5
      - 5 2 5
            0
```

III. Rechengesetze anwenden

6 Welcher Term gehört zu welchem Text? Verbinde.

Multipliziere 25 mit der Summe aus 7 und 13.	$25 + 7 \cdot 13$
Addiere zu 25 das Produkt aus 7 und 13.	$(25 - 13) - 7$
Subtrahiere von der Differenz aus 25 und 13 die Zahl 7.	$25 \cdot (7 + 13)$

7 Welche Rechengesetze wurden bei den folgenden Termumformungen verwendet? Schreibe über das Gleichheitszeichen jeweils eine der Abkürzungen KG (Kommutativgesetz), AG (Assoziativgesetz), DG (Distributivgesetz), PvS (Punkt vor Strich) oder KI (Klammern zuerst). Berechne anschließend den Term.

a) $27 + 42 + 13 = 27 + 13 + 42 =$ ______

b) $127 - 14 \cdot 3 = 127 - 42 =$ ______

c) $15 \cdot (17 + 6 + 83) = 15 \cdot (17 + 83 + 6) = 15 \cdot 106 = 10 \cdot 106 + 5 \cdot 106 = 1060 + 530 =$ ______

8 Berechne mithilfe der Rechengesetze.

a) $120 - 14 \cdot 5 =$ ______

b) $7 \cdot 15 + 7 \cdot 3 - 7 \cdot 4 =$ ______

c) $(30 - 17) - 6 \cdot 2 =$ ______

Teil	Ich kann bei einfachen Aufgaben ...	Aufgaben	Kreuze an.		
			0–2	3–4	5–6
I.	natürliche Zahlen addieren und subtrahieren.	1, 2	☹	😐	☺
II.	natürliche Zahlen multiplizieren, potenzieren, dividieren.	3, 4, 5	☹	😐	☺
III.	Rechengesetze anwenden.	6, 7, 8	☹	😐	☺

I. Strecken zeichnen, ihre Längen messen und mit dem Zirkel umgehen

1 Zeichne die Strecke zwischen den Punkten A und B. Gib die Länge dieser Strecke an.

a) A B

Länge: ______

b) A B

Länge: ______

c) A B

Länge: ______

d) A B

Länge: ______

2 Zeichne Strecken mit der angegebenen Länge.

a) Strecke vom Punkt A zum Punkt B mit der Länge 38 mm

b) Strecke vom Punkt C zum Punkt D mit der Länge 2 cm und 6 mm

3 Zeichne einen Kreis um den gegebenen Punkt M. Alle Punkte der Kreislinie sollen von dem Punkt M 2 cm entfernt liegen.

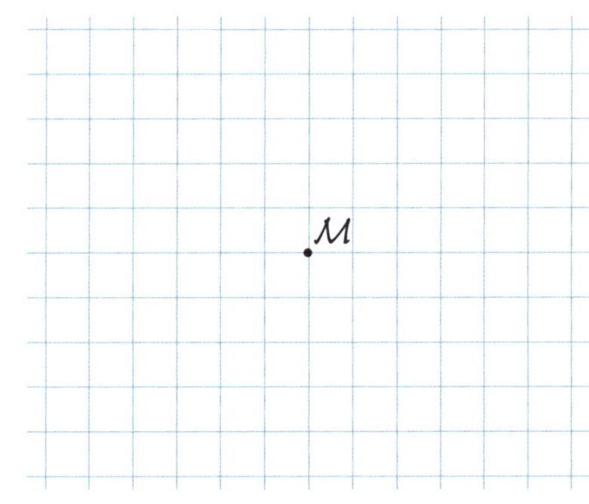

III. Figuren benennen und Muster fortsetzen

4 Verbinde die Punkte zum Viereck ABCD. Benenne das Viereck, wenn du es kennst.

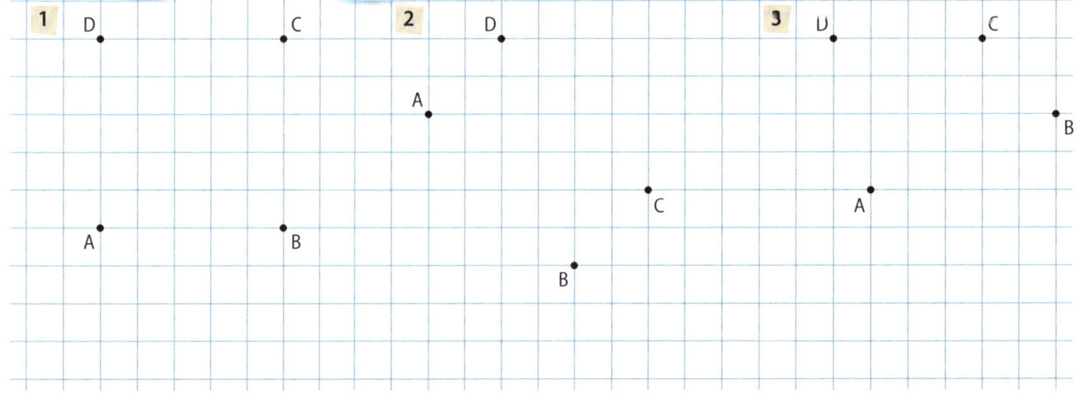

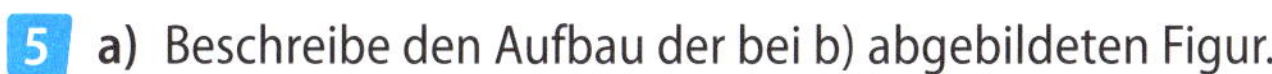

5 **a)** Beschreibe den Aufbau der bei b) abgebildeten Figur.

b) Setze das Muster mindestens um 2 Figuren fort.

III. Schnittpunkte bestimmen

6 Zeichne jeweils einen Kreis, der mit der gegebenen Figur folgende Anzahl an Schnittpunkten hat:

1 keinen Schnittunkt **2** einen Schnittpunkt **3** zwei Schnittpunkte

a)

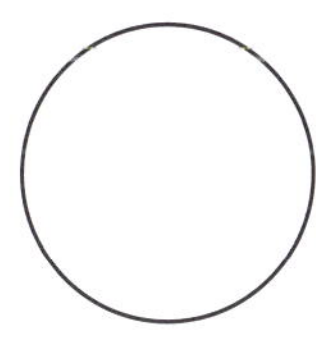

b)

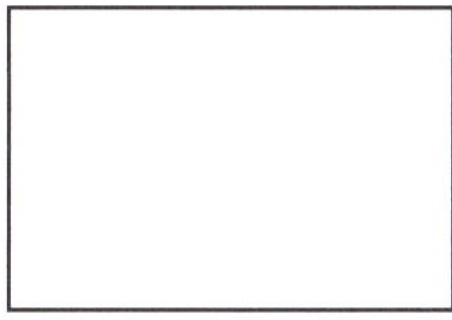

Teil	Ich kann …	Aufgaben	Kreuze an.		
			0–2	3–4	5–6
I.	Strecken zeichnen, ihre Längen messen und mit dem Zirkel umgehen.	1, 2, 3			
II.	Figuren benennen und Muster fortsetzen.	4, 5			
III.	Schnittpunkte bestimmen.	6			

Strecken und Geraden

1 Schätze zuerst die Länge der jeweiligen Strecken und miss anschließend nach. Wie gut waren die Schätzungen? Berechne dazu die Differenzen.

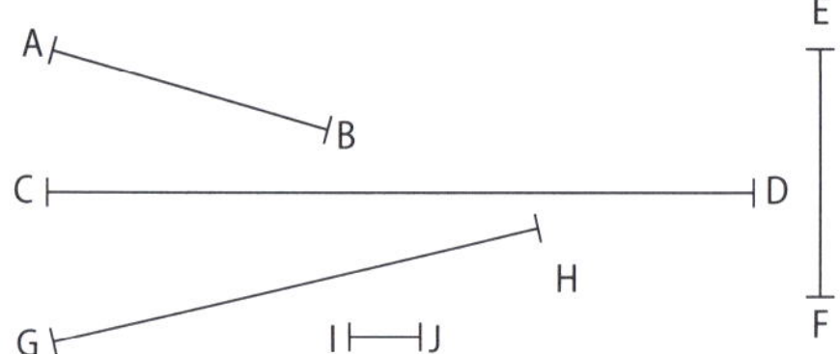

Strecke	geschätzt	gemessen	Differenz
$\lvert\overline{AB}\rvert$			
$\lvert\overline{CD}\rvert$			
$\lvert\overline{EF}\rvert$			
$\lvert\overline{GH}\rvert$			
$\lvert\overline{IJ}\rvert$			

2 Trage die Strecken ab.

$\lvert\overline{AB}\rvert = 7\text{ cm}$ $\lvert\overline{CD}\rvert = 5\text{ cm } 7\text{ mm}$ $\lvert\overline{EF}\rvert = 68\text{ mm}$ $\lvert\overline{GH}\rvert = 9\text{ mm}$ $\lvert\overline{KL}\rvert = 1\text{ dm } 8\text{ mm}$

A G

C

E

K

3 Peter und Tina finden eine alte Schatzkarte von einer Insel. Darauf steht: „Zeichne Geraden durch je zwei Punkte. An der Stelle, an der sie den Strand treffen, kann der Schatz liegen."

a) Zeichne die Geraden ein.

b) Gib an, an wie vielen Stellen man suchen muss.

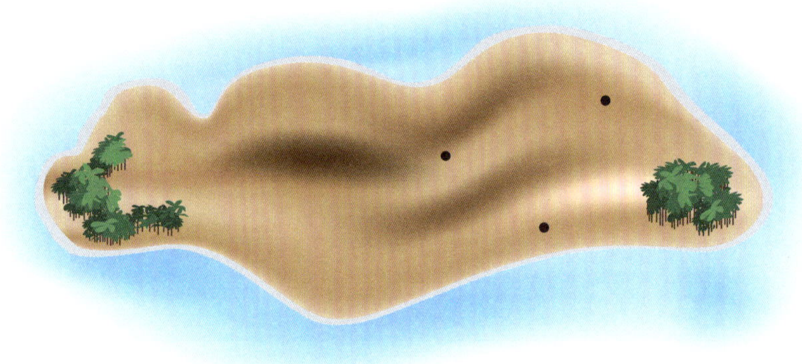

4 Verbinde die Punkte in der angegebenen Reihenfolge. Miss die Länge der Verbindungsstrecken, dann gib die Gesamtlänge an.

a) von A über B und D nach C

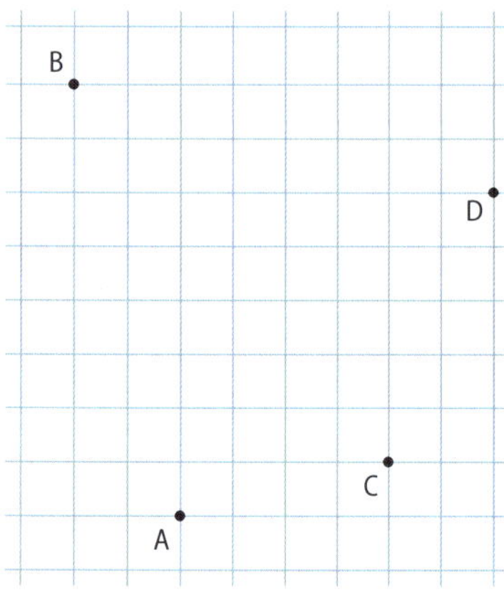

Länge:

b) von A über B und C nach D

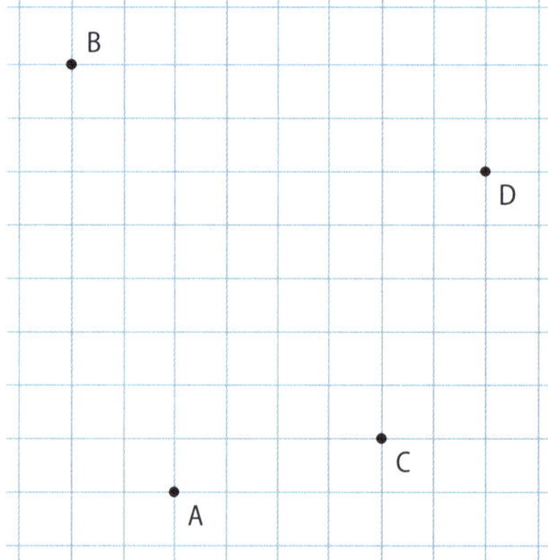

Länge:

c) von A über C und D nach B

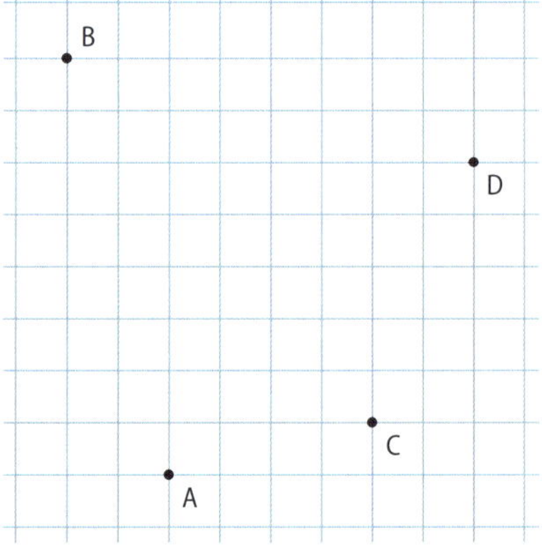

Länge:

➲ Schülerbuch Seite 78

1 Überprüfe mit dem Geodreieck, welche Geraden orthogonal oder parallel zueinander sind und notiere wie angegeben mit den Symbolen $\perp$ und $\parallel$.

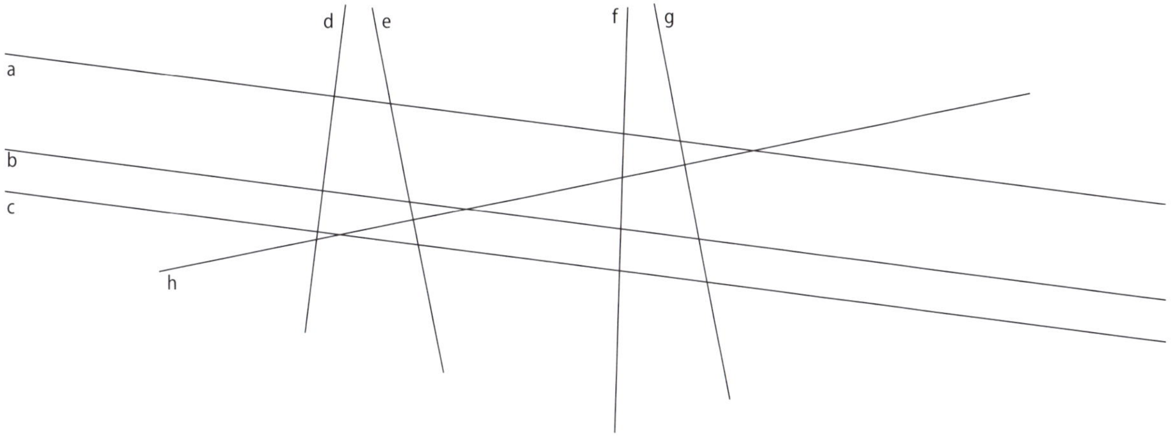

$a \perp d$,

2 Zeichne durch alle Punkte die Parallelen und Orthogonalen zu g.

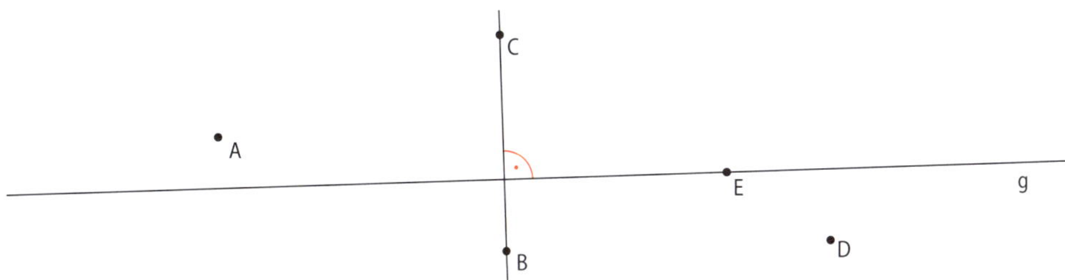

3 **a)** Zeichne …
1 die Orthogonale zu $\overline{BC}$ durch den Punkt A.
2 die Parallele zu $\overline{AB}$ durch den Punkt C.

C

A B

b) Zeichne …
1 die Parallele zu $\overline{NP}$ durch M.
2 die Orthogonale zu $\overline{PM}$ durch N.

4 Setze das Muster fort.

a)

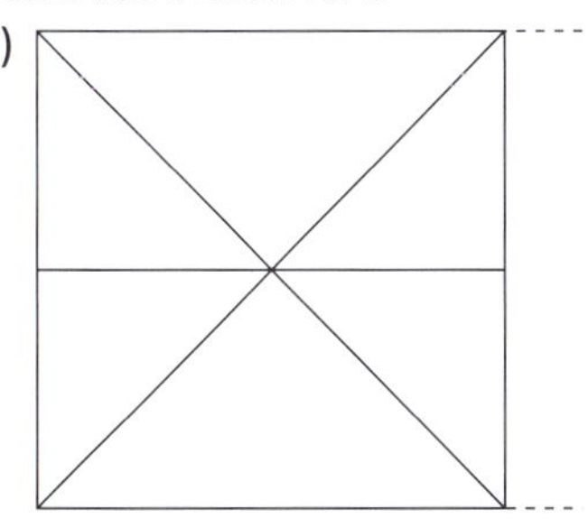

b)

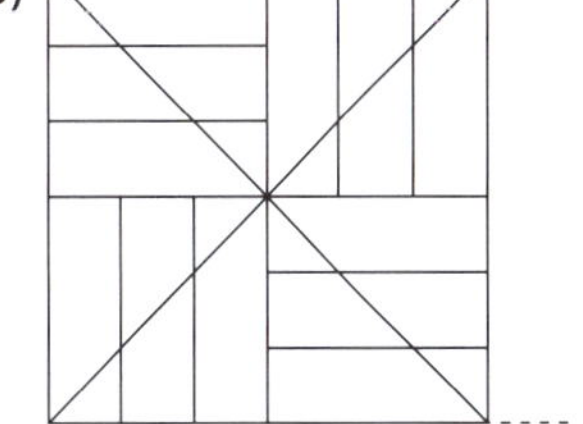

5 Kreuze an, wenn die Aussage richtig ist.

a) ☐ Wenn $a \parallel b$ und $b \parallel c$, dann ist $a \parallel c$.

b) ☐ Wenn $a \perp b$ und $b \perp c$, dann ist $a \perp c$.

➲ *Schülerbuch Seite 80*

Abstand

1 Bestimme den Abstand der Punkte P, Q, R, S und T von der Geraden g.

Punkt	Abstand zu g
P	
Q	
R	
S	
T	

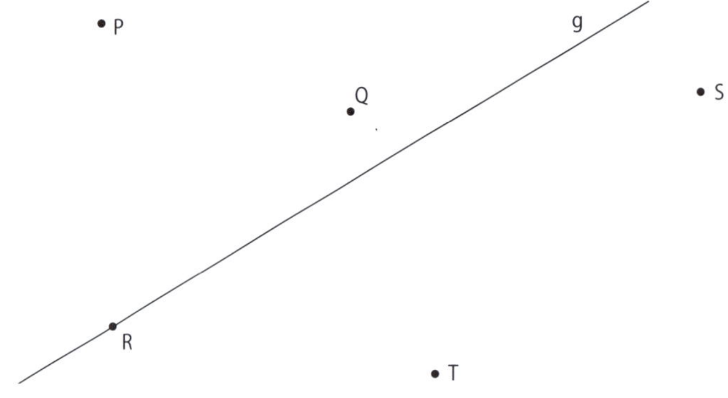

2 Zeichne zwei zueinander parallele Geraden mit dem gegebenen Abstand.

a) Abstand 25 mm

b) Abstand 7 mm

3 Die Karte zeigt die Umgebung von Mönchengladbach. Bestimme die Luftlinienentfernung der Orte.

von – nach	Karte	Luftlinie
Heinsberg – Grevenbroich		
Viersen – Neuss		
Brüggen – Heinsberg		
Mönchengladbach – Erkelenz		
Neuss – Mönchengladbach		

4 Gegeben ist das Dreieck ABC. Zeichne jeweils den Abstand der Punkte A, B und C zu der gegenüberliegenden Seite ein und miss nach.

Abstand von A zu a:

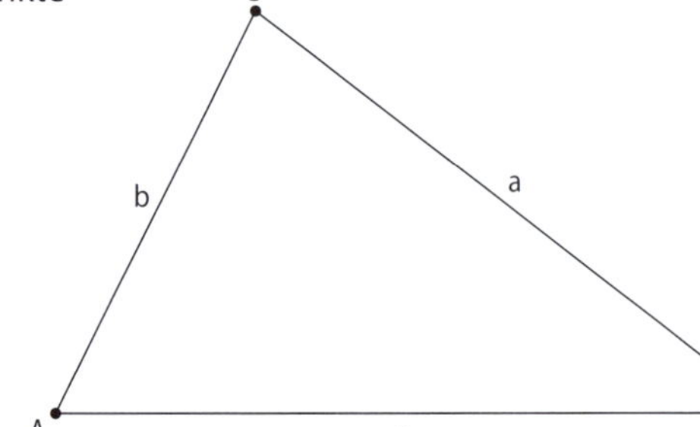

Schülerbuch Seite 84

1 Ergänze zu einer achsensymmetrischen Figur.

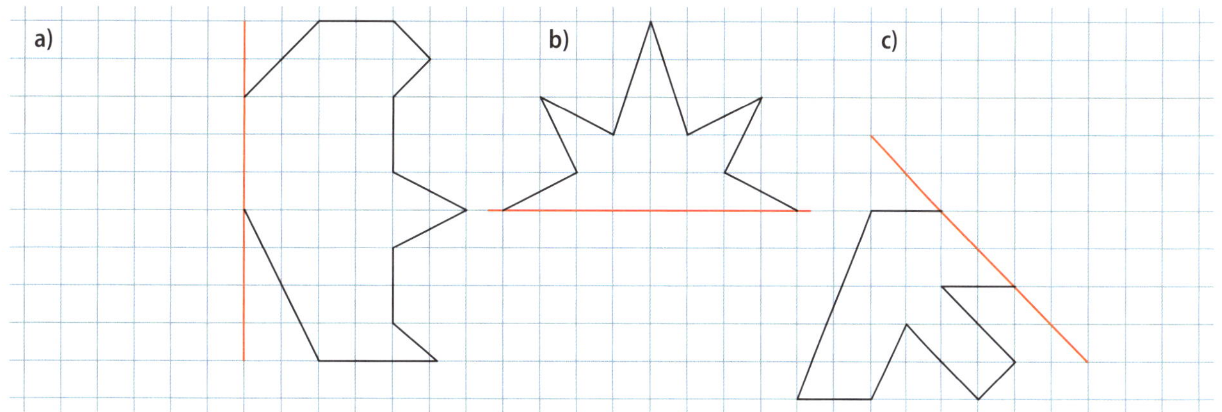

2 Entscheide, ob das Wort achsensymmetrisch aufgebaut ist.

a) ☐ UHU b) ☐ BILD c) ☐ AMT d) ☐ AUTO e) ☐ BODO f) ☐ OMO g) ☐ HITZE

3 Überprüfe auf Richtigkeit, wenn a die Symmetrieachse ist. Korrigiere fehlerhafte Bildpunkte.

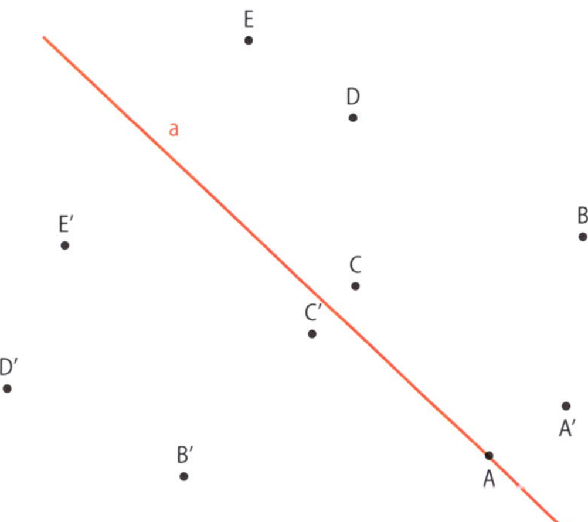

4 Zeichne in dieses Kachelmuster aus dem Ägyptischen Museum in Bonn alle Spiegelachsen ein.

5 Ermittle jeweils die Spiegelachse s zu einem Punkt und seinem Bildpunkt.
Überprüfe, ob diese Achse auch Spiegelachse des anderen Punktepaares ist.

B' B

A A'

➲ *Schülerbuch Seite 86*

Punktsymmetrie

1 Fülle die Tabelle aus. Zeichne die Symmetriezentren und -achsen auch in die Figuren ein.

Figur	achsensymmetrisch? Anzahl der Achsen	punktsymmetrisch? Symmetriezentrum

2 Ergänze zu einer punktsymmetrischen Figur mit Symmetriezentrum Z.

a)

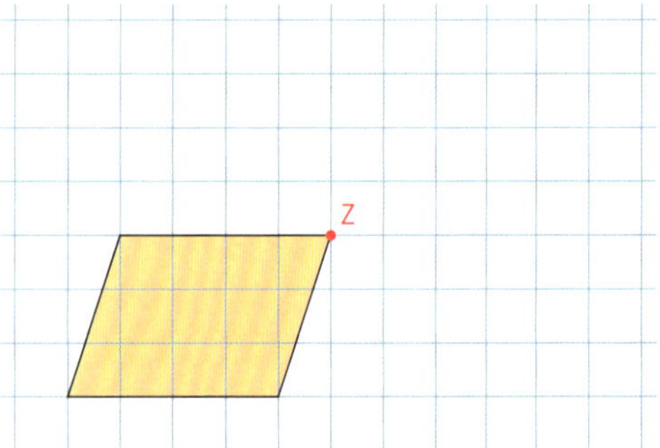

b)

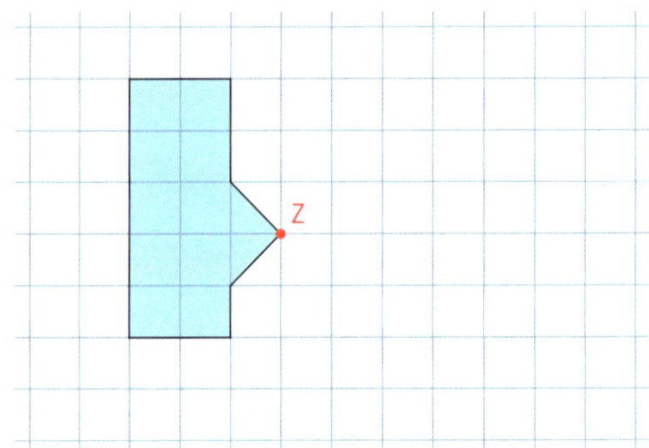

3 Kreuze an, ob die Figuren punktsymmetrisch sind. Zeichne bei den punktsymmetrischen Figuren die Lage des Symmetriezentrums ein.

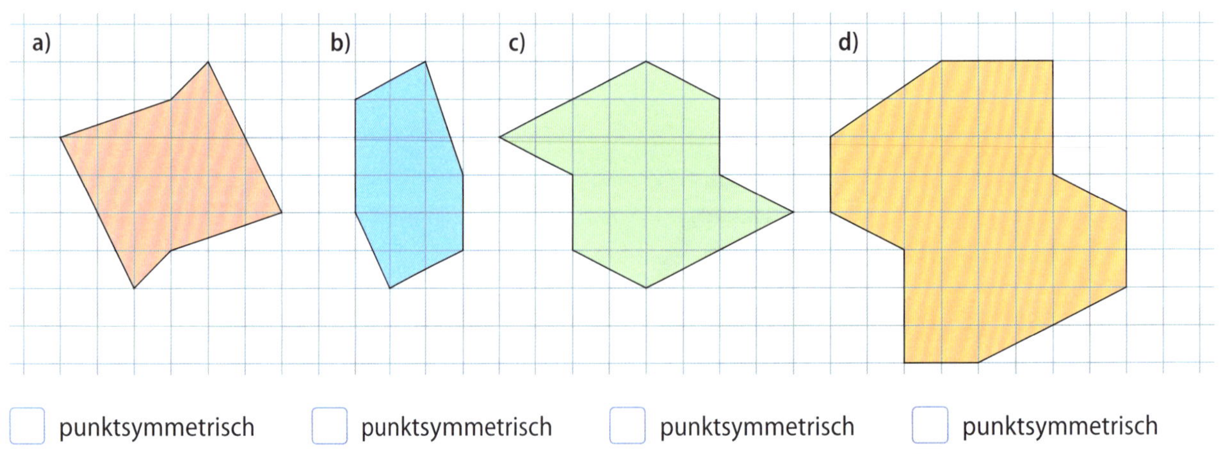

a)
- ☐ punktsymmetrisch
- ☐ nicht punktsymmetrisch

b)
- ☐ punktsymmetrisch
- ☐ nicht punktsymmetrisch

c)
- ☐ punktsymmetrisch
- ☐ nicht punktsymmetrisch

d)
- ☐ punktsymmetrisch
- ☐ nicht punktsymmetrisch

Schülerbuch Seite 90

Koordinatensystem

1 Bestimme die Koordinaten der Punkte.

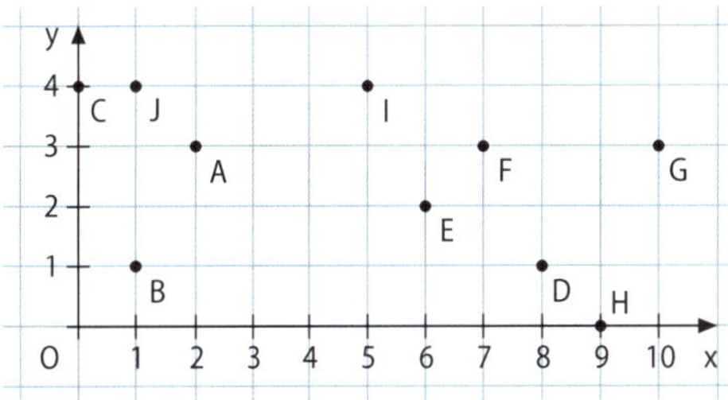

A (___ | ___) B (___ | ___) C (___ | ___) D (___ | ___)

E (___ | ___) F (___ | ___) G (___ | ___) H (___ | ___)

I (___ | ___) J (___ | ___)

2 Trage die Punkte A (7|7), B (5|7), C (5|4), D (9|4) und E (9|9) in das Koordinatensystem ein und verbinde sie der Reihe nach. Entdecke einen Zusammenhang zwischen der Anordnung der Punkte. Setze diesen Zusammenhang fort und gib die Koordinaten der nächsten drei Punkte an.

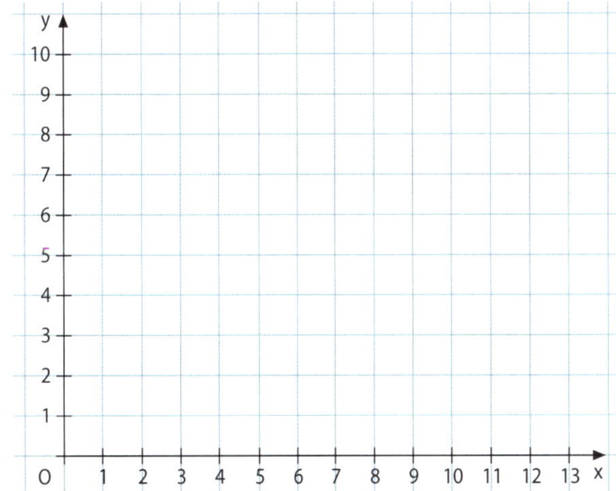

Der Zusammenhang lautet: ___

F (___ | ___) G (___ | ___) H (___ | ___)

3 Zeichne das Dreieck ABC mit A (10|2), B (9|7) und C (7|5) in das nebenstehende Koordinatensystem.

a) Verschiebe jeden Punkt vier Einheiten nach links und zwei Einheiten nach unten.
Gib die Koordinaten des neuen Dreiecks an.

A′ (___ | ___) B′ (___ | ___) C′ (___ | ___)

b) Beschreibe, wie du auch ohne Zeichnung zu den neuen Koordinaten kommst.

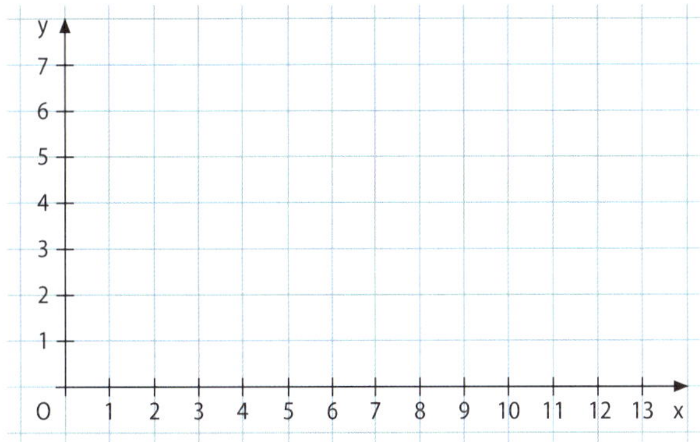

4 **a)** Verschiebe das Rechteck 5 Kästchen nach rechts und 2 nach oben. Gib die Koordinaten der Bildpunkte an.

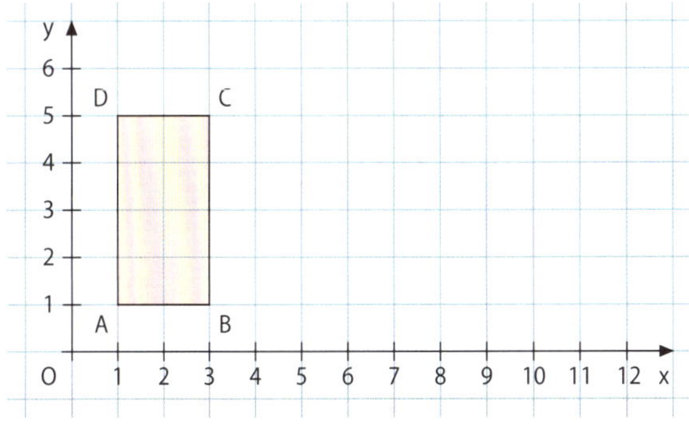

A′ (___ | ___); ___

b) Das Bildviereck ist um 5 Kästchen nach rechts und 3 nach oben verschoben worden. Zeichne das Ausgangsviereck und gib die Koordinaten der Eckpunkte an.

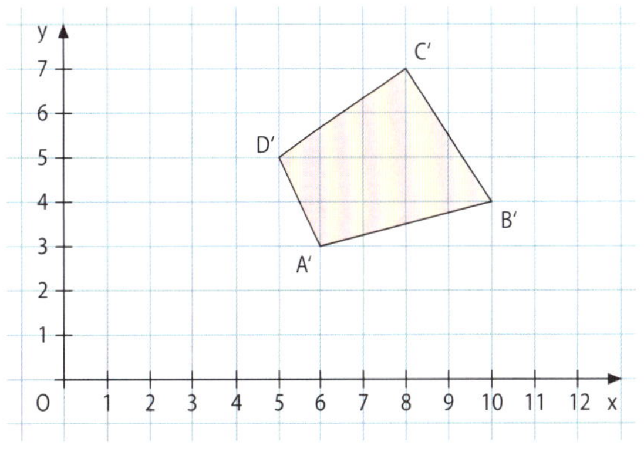

A′ (___ | ___); ___

➲ *Schülerbuch Seite 94*

5 Gegeben sind die fünf Punkte M, A, T, H und E.

a) Lies ihre Koordinaten ab und ergänze.

M	A	T	H	E
(|)	(|)	(|)	(|)	(|)

b) Zeichne die Gerade EH ein; EH schneidet die y-Achse im Punkt B. Gib die Koordinaten von B an:

B(____ | ____).

c) Gib an, ob der Punkt S (6 | 0) auf der Strecke $\overline{EA}$ liegt.

☐ Ja ☐ Nein

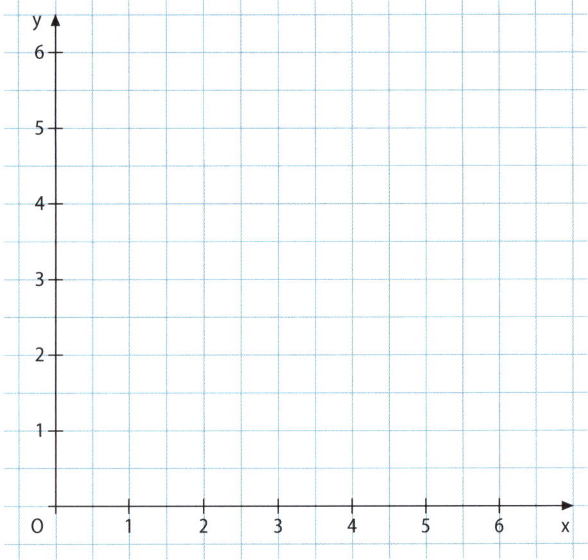

6 In einem Koordinatensystem sind die Punkte W (4 | 4) und E (2 | 0) gegeben.

a) Zeichne den Ursprung O (0 | 0) sowie die beiden Koordinatenachsen ein.

b) Lies die Koordinaten des Punktes G ab:

G(____ | ____).

c) Gib an, ob gilt: WG ⊥ EG?

☐ Ja ☐ Nein

d) Verbinde die Punkte W, G und E mit Strecken untereinander. Gib die Koordinaten aller Punkte an, die im Innern der Figur WEG liegen.

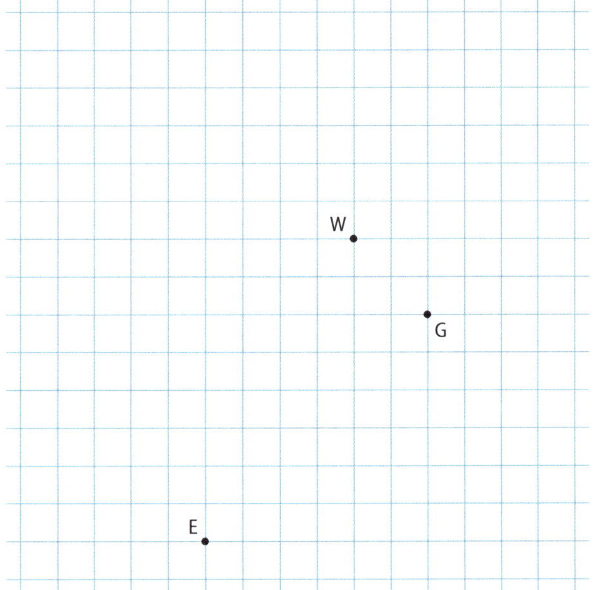

7 Trage in dem gezeichneten Bereich …

a) mit roter Farbe alle Punkte ein, deren x-Koordinate genau so groß wie ihre y-Koordinate ist.

b) mit blauer Farbe alle Punkte ein, für deren x-Koordinate $0 < x < 6$ gilt und deren y-Koordinate um 1 größer als ihre x-Koordinate ist.

c) mit grüner Farbe alle Punkte ein, deren y-Koordinate um 2 kleiner als ihre x-Koordinate ist.

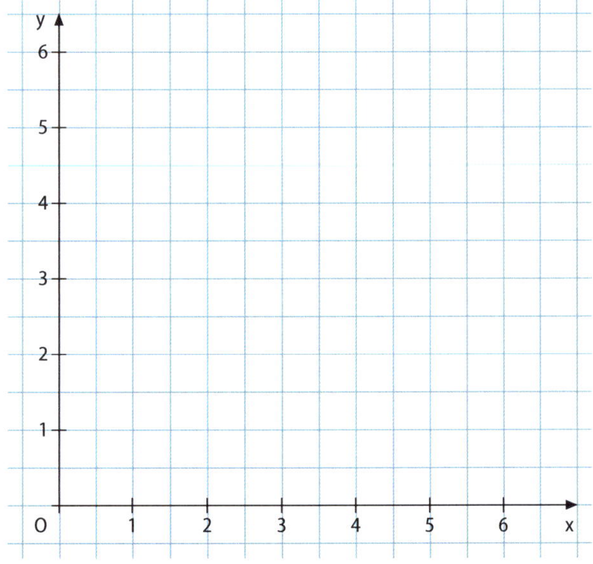

Schülerbuch Seite 94

1 Kreuze an. Es können mehrere Zuordnungen richtig sein. Die dargestellte Figur ist ein(e):

		Dreieck	Viereck	Parallelogramm	Raute	Rechteck	Quadrat
1							
2							
3							
4							
5							
6							

2 Ergänze zu der angegebenen Figur.

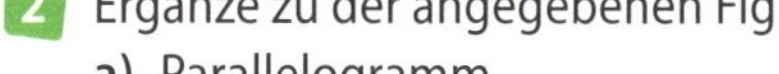

a) Parallelogramm **b)** Raute **c)** Trapez

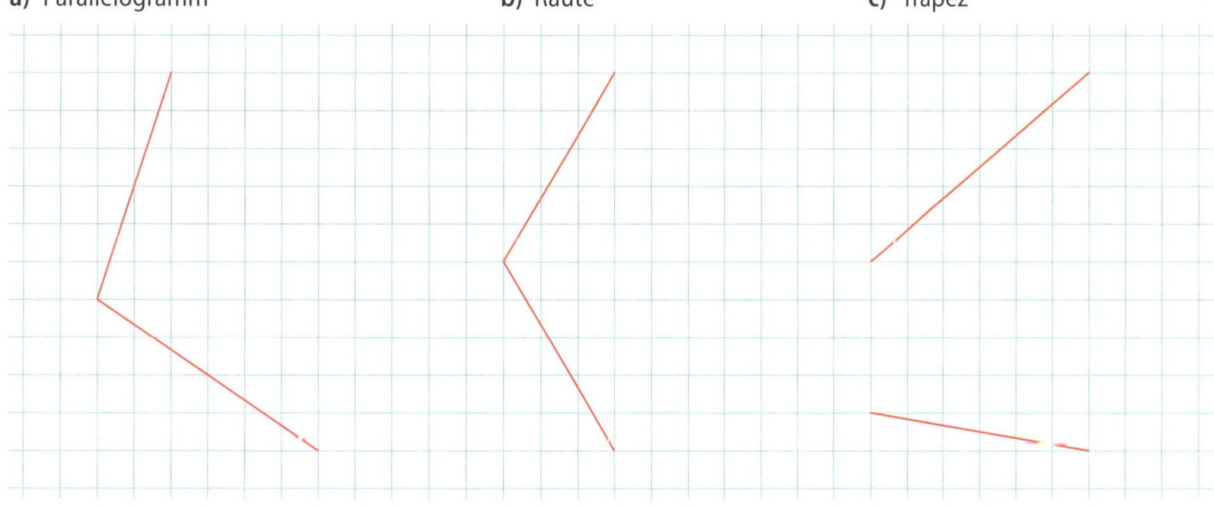

3 Immer zwei Teilflächen ergeben ein Quadrat. Färbe sie gleich ein.

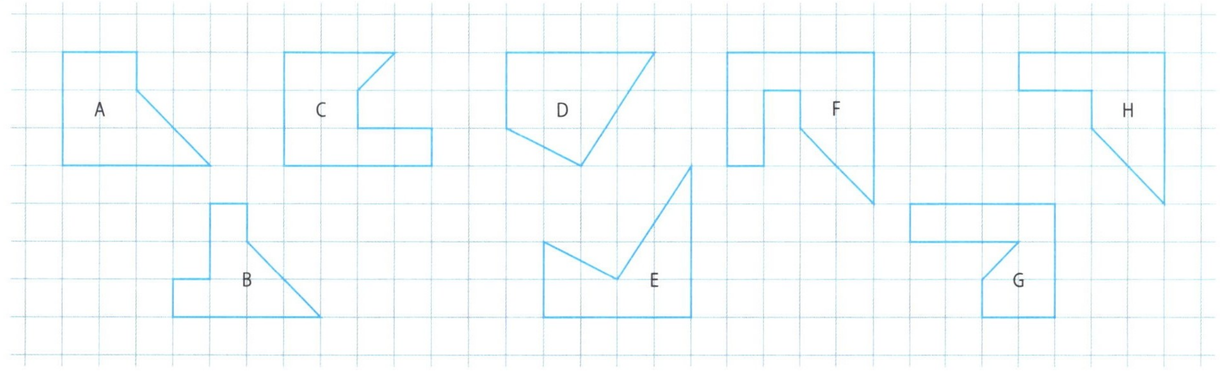

➲ *Schülerbuch Seite 100*

I. Orthogonale und parallele Geraden und Strecken zeichnen

1 a) **1** Zeichne eine orthogonale Strecke $\overline{EF}$ zu $\overline{AB}$.
2 Zeichne eine orthogonale Strecke $\overline{EG}$ zu $\overline{CD}$.
$\overline{EF}$ und $\overline{EG}$ sollen jeweils 2 cm lang sein.

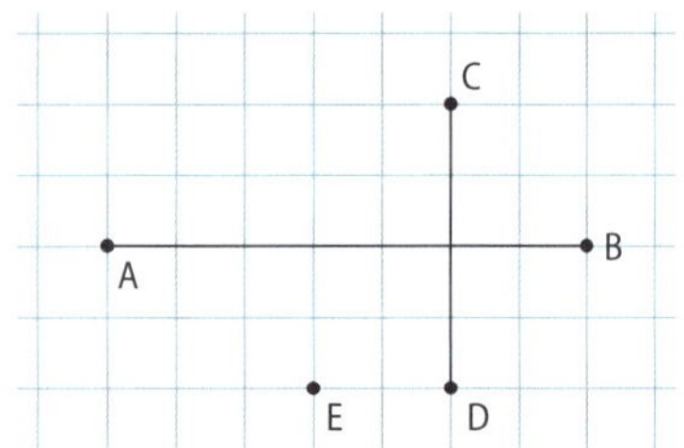

b) **1** Zeichne eine parallele Gerade l zu k durch Z.
2 Zeichne eine orthogonale Gerade m zu h durch Z.

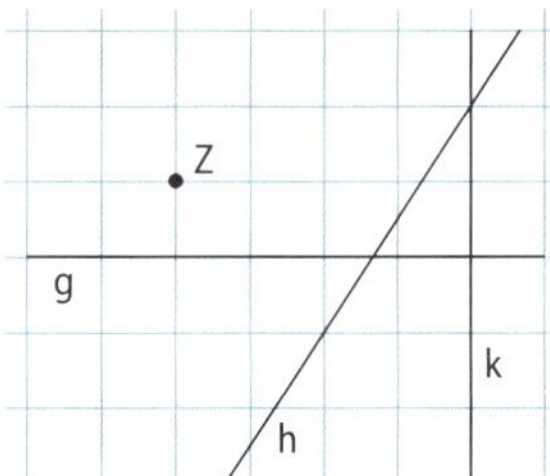

c) Kreuze an, welche Aussagen jeweils mit den Zeichnungen aus a) und b) richtig sind:

1 ☐ AB ∥ CD ☐ AB ∥ EF ☐ CD ∥ EF

2 ☐ h ⊥ k ☐ g ⊥ h ☐ g ⊥ k

II. Abstände bestimmen

2 a) Bestimme die gesuchten Abstände.

Punkt	Abstand zu $\overline{AB}$	Abstand zu g
P		
Q		
R		
S		

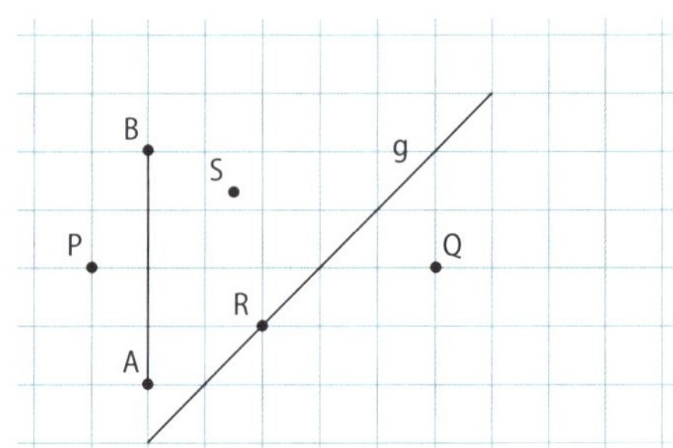

b) Zeichne …
1 einen Punkt T mit 3 cm Abstand zu $\overline{AB}$. **2** einen Punkt U mit 1 cm Abstand zu g.

III. Figuren in ein Koordinatensystem zeichnen

3 a) Gib die Koordinaten an. A (____ | ____); B (____ | ____); G (____ | ____); H (____ | ____)

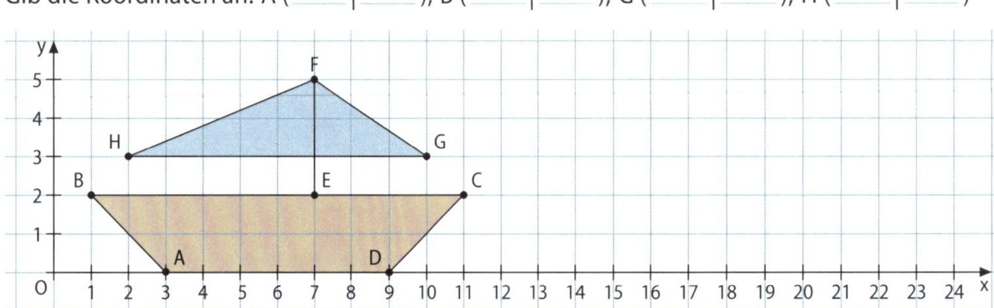

b) Dem Segelschiff fährt ein identisches Segelschiff voraus mit A′ (14 | 0).
1 Zeichne das Segelschiff mit A′ ein. **2** Bestimme die Koordinaten von E′. E′ (____ | ____)

4 In einem Koordinatensystem sind die beiden Punkte D (1 | 2) und U (3 | 3) gegeben.
a) Zeichne die Koordinatenachsen ein.
b) Zeichne den Punkt R (5 | 1) in das Koordinatensystem ein.

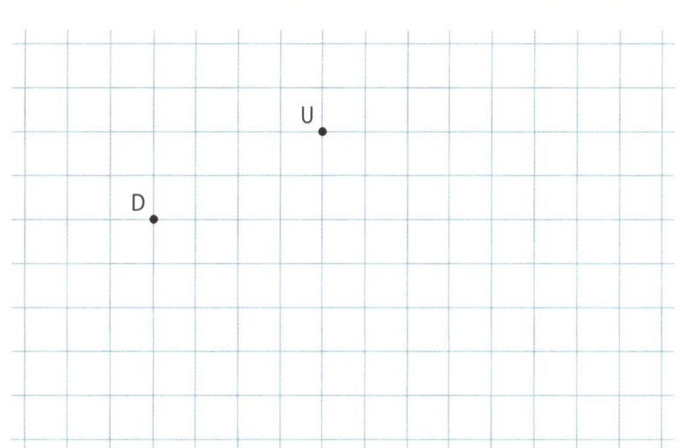

IV. Vierecke in der Ebene unterscheiden und zeichnen

5 Kreuze an, welche Aussagen richtig sind:

a) ☐ Jedes Quadrat ist ein Rechteck. ☐ Jede Raute ist ein Rechteck.

b) ☐ Jede Raute ist ein Trapez. ☐ Jedes Quadrat ist ein Trapez.

6 Ergänze die unfertigen Figuren mit nur zwei Strichen zu einem …

a) Rechteck. b) Quadrat. c) Parallelogramm. d) Trapez.

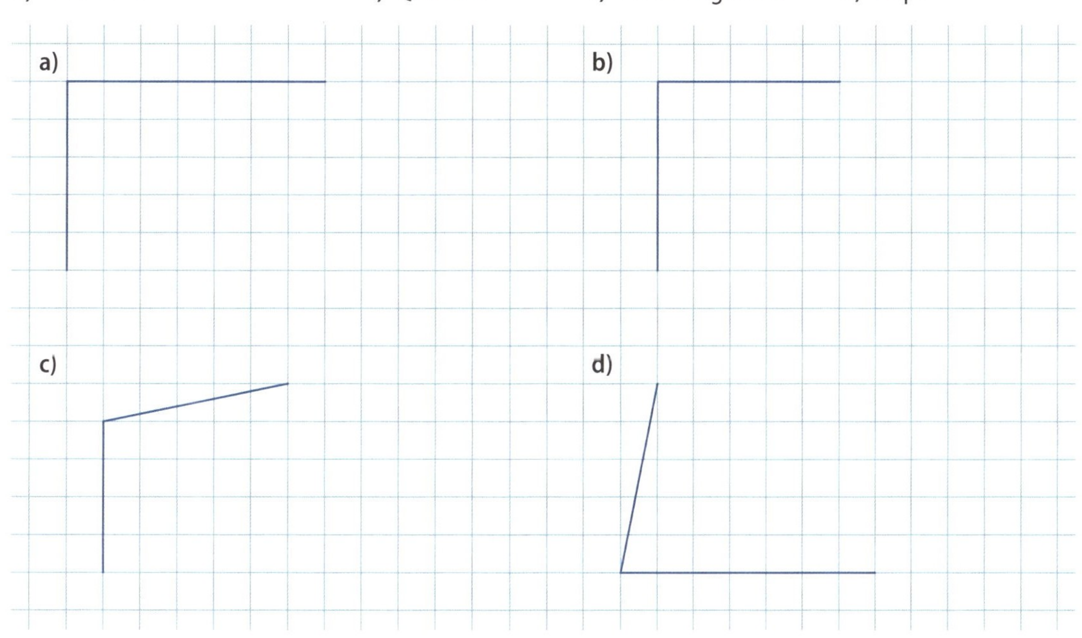

Teil	Ich kann bei einfachen Aufgaben …	Aufgaben	Kreuze an.		
			0–2	3–4	5–6
I.	orthogonale und parallele Geraden und Strecken zeichnen.	1	☹	😐	☺
II.	Abstände bestimmen.	2	☹	😐	☺
III.	Figuren in ein Koordinatensystem zeichnen.	3, 4	☹	😐	☺
IV.	Vierecke in der Ebene unterscheiden und zeichnen.	5, 6	☹	😐	☺

I. Einheiten von Größen mit Beispielen aus dem Alltag verbinden.

1 Kreuze an, welche Größenangabe stimmen kann.

a) Masse eines Stücks Butter	☐ 25 kg	☐ 250 cm	☐ 250 g	☐ 12 g
b) Breite einer Tür	☐ 20 mm	☐ 60 min	☐ 100 cm	☐ 2 km
c) Preis eines Jugendbuchs	☐ 8,50 €	☐ 25 ct	☐ 350 g	☐ 99 €
d) Dauer eines Fußballspiels	☐ 11 m	☐ 45 min	☐ 2 h	☐ 5400 s
e) Masse eines Erwachsenen	☐ 18 dm	☐ 18 000 g	☐ 80 kg	☐ 8 t
f) Höhe eines Elefanten	☐ 4 m	☐ 3000 kg	☐ 3000 dm	☐ 1 km
g) Gewicht eines Tennisballs	☐ 2 kg	☐ 80 cm	☐ 2,50 €	☐ 60 g
h) Backzeit eines Kuchens	☐ 7 min	☐ 60 min	☐ 50 dm	☐ 2 km
i) Preis einer Busfahrkarte	☐ 1,60 €	☐ 14 min	☐ 30 ct	☐ 2 km

II. Messinstrumente von Größen und ihre Einsatzmöglichkeiten beschreiben

2 Kreuze an, welche Größen du mit dem Messinstrument bestimmen kannst.

☐ Länge
☐ Masse
☐ Zeit

☐ Länge
☐ Masse
☐ Zeit

☐ Länge
☐ Masse
☐ Zeit

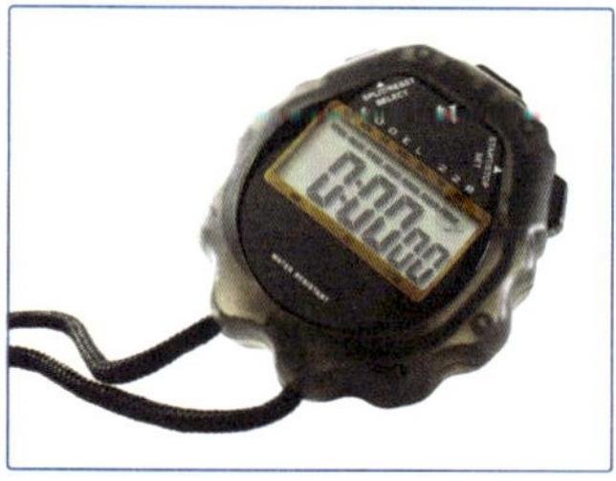

☐ Länge
☐ Masse
☐ Zeit

☐ Länge
☐ Masse
☐ Zeit

☐ Länge
☐ Masse
☐ Zeit

3 Nenne Beispiele, die du mit den abgebildeten Messgeräten messen kanst.

Beispiele: ______________________

____

Beispiele: ______________________

____

Beispiele: ______________________

____

4 Kreuze an, wie groß bzw. wie schwer der abgebildete Gegenstand ist.

Das Mädchen wiegt etwa …

- ☐ 25 kg.
- ☐ 25 g.
- ☐ 25 t.

Der Junge springt etwa …

- ☐ 3 cm weit.
- ☐ 3 m weit.
- ☐ 3 km weit.

Das Rad ist ungefähr …

- ☐ 1 m hoch.
- ☐ 2 m hoch.
- ☐ 3 m hoch.

Das Zelt ist etwa …

- ☐ 2,50 m hoch.
- ☐ 2 m hoch.
- ☐ 1 m hoch.

Der LKW wiegt ungefähr …

- ☐ 4 t.
- ☐ 40 t.
- ☐ 400 t.

Das Riesenrad ist ungefähr …

- ☐ 30 m hoch.
- ☐ 10 m hoch.
- ☐ 50 m hoch.

Teil	Ich kann …	Aufgaben	Kreuze an.		
			0–2	3–4	5–6
I.	Einheiten von Größen mit Beispielen aus dem Alltag verbinden.	1	☹	😐	☺
II.	Messinstrumente von Größen und ihre Einsatzmöglichkeiten beschreiben.	2, 3	☹	😐	☺
III.	Größen von Bildern und Zeichnungen abschätzen.	4	☹	😐	☺

Längen

1 **a)** Ergänze die Maßzahlen.

9 dm = ______ cm 80 cm = ______ dm

90 dm = ______ m 8 cm = ______ mm

b) Ergänze die Maßeinheiten.

720 mm = 72 ______ 7000 m = 7 ______

20 cm = 2 ______ 70 m = 700 ______

2 Trage die Längen in die Tabelle ein.

438 mm

5 m 3 dm 2 cm

8 km 303 m

607 cm

13 m 75 cm

km	m			dm	cm	mm
	100	10	1			

3 Fülle die Lücken.

a) 12 m 24 mm = ______ cm ______ mm = ______ mm

b) 954 000 cm = ______ dm = ______ m

c) 250 000 000 mm = $25 \cdot 10^{\square}$ mm = ______ dm = ______ km

4 Ordne der Größe nach: 23 000 m; 1 dm; 186 dm; 18 cm 7 mm; 102 dm

______ < ______ < ______ < ______ < ______

5 Rechne schrittweise in die in Klammern angegebene Einheit um.

a) 5 m (mm) = ______

b) 32 km (dm) = ______

c) 8 dm 7 mm (mm) = ______

d) 2 m 8 dm (cm) = ______

e) 623 km 100 m (dm) = ______

f) 635 000 cm (m) = ______

6 Thomas biegt aus einem 36 cm langen Draht verschiedene Figuren. Alle Teilstücke sind gleich lang. Bestimme jeweils die Länge eines Teilstücks.

a)

______

b)

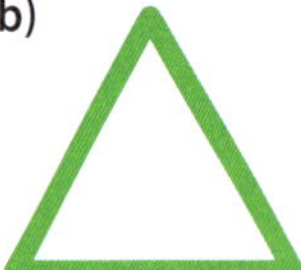

______

c)

______

d)

______

➲ *Schülerbuch Seite 118*

1 Fülle die Lücken.

a) 1 t 56 kg = ______ kg

b) 2 120 000 mg = ______ g

c) 670 000 000 g = ______ t

d) 35 g = ______ mg

2 Gib die Reihenfolge der Massen der Größe nach an.

a)	1230 g	4562 kg	1 t	8 289 800 mg
Reihenfolge	1		3	

b)	2 t 300 kg	34 690 kg	130 000 g	32 489 mg
Reihenfolge				

c)	12 kg 12 mg	42 343 253 mg	3 t 40 kg	46 g
Reihenfolge				

d)	123 989 023 kg	234 t 8 kg	7352 mg	23 g
Reihenfolge				

3 a) Hier ist einiges durcheinander geraten. Verbinde die richtigen Massen mit den passenden Bildern.

30 t

25 kg

300 g

1500 kg

100 mg

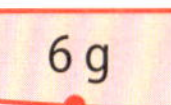

6 g

b) Die Rohrzange ist etwa 50-mal schwerer als der Bleistift. Vergleiche ebenso.

Der Lastwagen ______ das Auto.

Der Bleistift ______ die Nadel.

Die Rohrzange ______ die Nadel.

Das Auto ______ die Rohrzange.

4 Einige der folgenden Umrechnungen sind falsch. Korrigiere die Fehler.

a) 2200 g = 22 kg

b) 125 t = 125 000 kg

c) 3 kg 60 g = 3600 mg

d) 13 kg 500 g = 13 500 g

e) 26 kg 10 g = 26 010 g

f) 1 t 2 kg = 1 000 200 g

➲ *Schülerbuch Seite 122*

Zeit

1 Worum handelt es sich? Kreuze an. Ergänze.

	Zeitpunkt	Zeitdauer
Das Schiff fährt um 13.58 Uhr in die Schleuse.	☐	☐
Dort bleibt es 8 min und fährt	☐	☐
um ______ Uhr weiter zum Ziel,	☐	☐
das es um 15.44 Uhr erreicht,	☐	☐
also ______ min später.	☐	☐

2 Vervollständige.

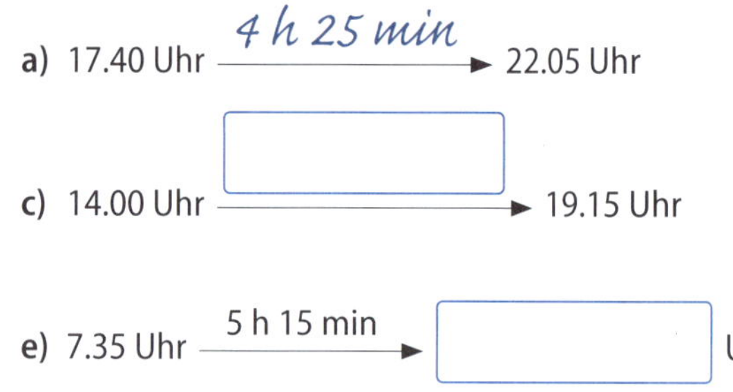

a) 17.40 Uhr —4 h 25 min→ 22.05 Uhr

b) 12.20 Uhr —5 h 15 min→ ______ Uhr

c) 14.00 Uhr —______→ 19.15 Uhr

d) ______ Uhr —2 h 20 min→ 10.26 Uhr

e) 7.35 Uhr —5 h 15 min→ ______ Uhr

f) 7.59 Uhr —______→ 9.58 Uhr

3 Wandle in die gegebenen Einheiten um.

a) 13 min = ______ s
b) 3600 s = ______ h
c) 180 s = ______ min
d) 27 min 8 s = ______ s
e) 2 h 120 s = ______ min
f) 1 h 30 min = ______ min

4 Ruben hat leider Schokocreme auf die Fernsehzeitung gekleckert. Ergänze die fehlenden Angaben.

Sendung	Beginn	Ende	Dauer
Richterin Bohlen	14.15 Uhr	15.15 Uhr	min
Pi – Der Entdecker	19.10 Uhr	Uhr	38 min
Die Superschüler	Uhr	21.20 Uhr	39 min

5 Frau Blättel fährt mit ihren Kindern ins Schwimmbad.

a) Sie fährt um 9.53 Uhr los und kommt um 10.05 Uhr an.

Die Fahrt dauert also ______ min.

b) Ihr Sohn Max schwimmt vier Bahnen in 236 s.
Bis zur nächsten ganzen Minute müsste Max

also noch ______ schwimmen.

c) Um 16.03 Uhr fahren sie wieder nach Hause.

Familie Blättel war also ___ h ___ min = ___ min im Schwimmbad.

➲ *Schülerbuch Seite 126*

1 Gib an, wie man folgende Geldbeträge mit möglichst wenigen Scheinen und Münzen bezahlen kann. Trage die Anzahl der Geldscheine bzw. Münzen in die Tabelle ein.

	20 €	10 €	5 €	2 €	1€	50 ct	20 ct	10 ct	5 ct	1 ct
13 €										
45 €										
7,35 €										
14,25 €										
26,99 €										
38,49 €										

2 Fülle die Lücken auf dem Einkaufszettel aus. Berechne, wie viel Rückgeld man bekommt.

Mcenter

Radieschen	EUR	0,59
Kaeseaufsch.	EUR	1,39
Bauchspeck	EUR	1,19
Bauchspeck	EUR	1,19
Limo	EUR	0,99
Clementinen	EUR	2,49
Pizza	EUR	3,50
Pizza	EUR	3,50
Summe	EUR	
Bar	EUR	50,00
Rückgeld	Eur	

Antwort: ____________________

3 Lukas möchte mit zwei Freunden das Eishockey-Derby der Kölner Haie gegen die Düsseldorfer EG besuchen. Zusammen haben sie 40 €. Welche Plätze können sie buchen?

Sitzplatz ermäßigt	16,50 €
Stehtribüne ermäßigt	12,50 €
Stehplatz ermäßigt	8,50 €

Antwort: ____________________

____

____

____

4 Im Text sind einige Angaben verschwunden. Ergänze die Lücken.

Lisa kauft für ihre Geburtstagsparty ein. Von ihrer Mutter bekommt sie 10 €. Im Supermarkt kauft Lisa eine Tüte Chips für 90 ct und eine Tafel Schokolade für 70 ct. Insgesamt hat sie ________ ct bezahlt. Auf dem Heimweg kommt Lisa an einem Kiosk vorbei und kauft noch eine Packung Kekse für ________ € und Luftballons für 1 € 50 ct. Sie bezahlt 2 € 50 ct. Lisa geht zum Getränkemarkt, um dort eine Flasche Limonade für 90 ct und 3 Flaschen Cola zu je 80 ct zu kaufen. Am Ende hat sie noch ________ ct.

Lisas Einkaufszettel:
Chips
Schokolade
Kekse
1 Limonade
3 Cola
Luftballons

➲ *Schülerbuch Seite 130*

Rechnen mit Größen

1 Berechne und schreibe in der gegebenen Einheit.

a) 34 cm + 14 cm + 9 cm = ________ cm = ________ mm

b) 502 kg – 272 kg – 61 kg = ________ kg = ________ g

c) 10 ct + 124 ct + 82 ct = ________ ct = ________ €

d) 1800 m – 449 m – 83 m = ________ m = ________ cm

2 Berechne und gib das Ergebnis in der angegebenen Einheit an.

a) 8 · 17 ct = ________ €

b) 6 · 125 g = ________ mg

c) 112 · 40 dm = ________ cm

d) 12 · 15 min = ________ h

3 Gib die nächste volle Stunde an sowie die Zeitdauer, die bis dahin fehlt.

a) 13.34 Uhr 12 s → *25 min 48 s* → *14.00 Uhr*

b) 20.05 Uhr 58 s → ________ → ________

c) 18.41 Uhr 36 s → ________ → ________

d) 14.25 Uhr 23 s → ________ → ________

e) 00.54 Uhr 3 s → ________ → ________

f) 02.03 Uhr 40 s → ________ → ________

4 Eine Langstreckenläuferin trainiert jeden Tag die Woche für den Marathon die gleiche Strecke. Insgesamt läuft sie in einer Woche 133 km. Berechne die Länge ihrer täglichen Laufstrecke.

Die Strecke ist pro Tag ________ lang.

5 Berechne und gib das Ergebnis in der jeweils kleinsten Einheit an.

a) 5 dm + 84 cm + 3 m = *50 cm + 84 cm + 300 cm = 434 cm*

b) 32 ct + 4 € + 352 ct = ________

c) 3 t – 272 kg + 61 g = ________

d) 17 min + 95 s + 43 min + 25 s = ________

Schülerbuch Seite 132

6 Viktor, Natalie, Oçan und Sophie machen in den Sommerferien jeweils mit ihren Eltern eine Radtour. Zu Beginn und am Ende der Tour liest jedes Kind den Stand seines Kilometerzählers ab. Ergänze die Tabelle.

	Viktor	Natalie	Oçan	Sophie
Zählerstand zu Beginn	257,6 km	412,9 km	15,8 km	333,7 km
Zählerstand am Ende	401,2 km	600,1 km	208,3 km	400,4 km
Länge der gefahrenen Strecke				

Ordne die gefahrenen Kilometer der Größe nach. Beginne mit dem kleinsten Wert.

______ < ______ < ______ < ______

7 Berechne. Wandle gegebenenfalls in eine kleinere Einheit um.

a) 628 · 1,23 € = ______

b) 24 h : 48 = ______

c) 18 cm · 4 : 3 = ______

8 Ergänze jeweils die Tabelle.

a) Von …	819 g	97 g	555 g	230 000 mg
fehlen auf 1 kg:	181 g			

b) Von …	123 kg	567 kg	9 kg	4300 g
fehlen auf 1 t:	877 kg			

c) Von …	991 mm	45 cm	2 dm 3 cm	640 mm
fehlen auf 1 m:	9 mm			

d) Von …	53 min 7 s	1440 s	17 min 38 s	34 min 17 s
fehlen auf 1 h:	6 min 53 s = 413 s			

9 Familie Schmitz fährt in den Urlaub und legt eine Distanz von 936 km zurück. Sie sind insgesamt 12 Stunden unterwegs, von denen 3 Stunden Pause sind. Gib an, wie viele km sie durchschnittlich pro Stunde ohne Pausen (mit Pausen) zurücklegen.

Sie fahren ohne Pausen ______ km pro Stunde

(mit Pausen ______ km pro Stunde).

➲ Schülerbuch Seite 132

1 Lehrerin Steinbauer organisiert für 25 Schüler eine fünftägige Fahrt ins Schullandheim. An festen Kosten fallen dabei an: 225 € Busfahrt für die ganze Klasse, Eintritt ins Erlebnisbad 2,60 € pro Schüler und 35,25 € Eintritt ins Museum für die ganze Klasse.
Berechne, wie viel jeder Schüler für die Fahrtkosten und Eintritte bezahlen muss.

a) Vervollständige und vergleiche die Lösungswege.

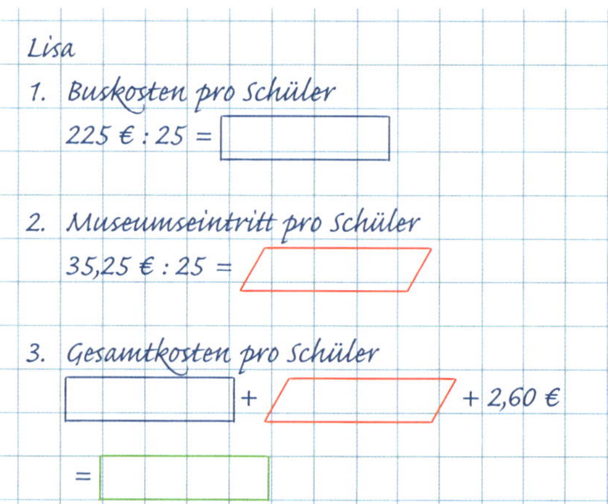

Tim

1. Buskosten und Museumseintritt
   225 € + 35,25 € =
2. Bus und Museum pro Schüler
   : 25 =
3. Gesamtkosten pro Schüler
   + 2,60 €
   =

b) Vervollständige einen weiteren Lösungsweg.

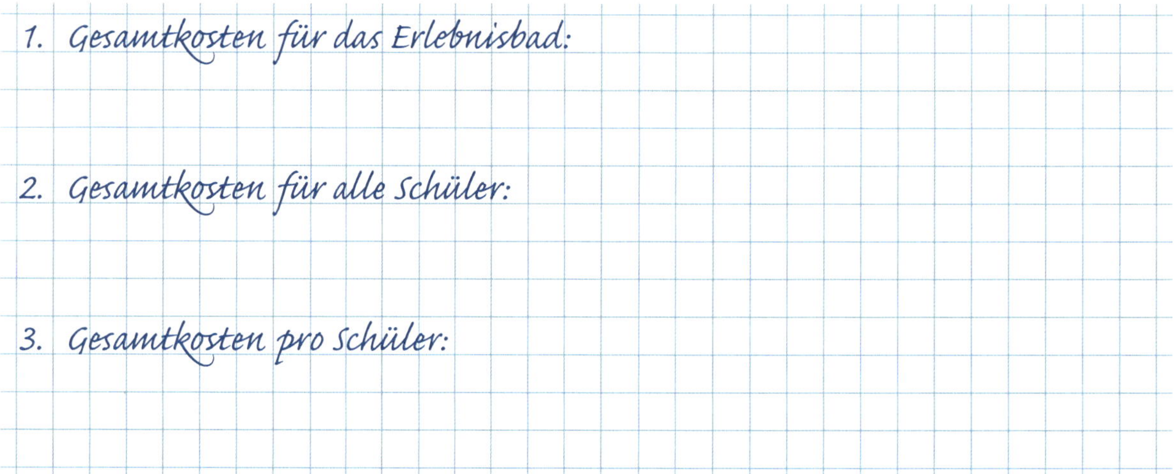

c) Gib an, wie sich das Ergebnis ändert, wenn das Busunternehmen 50 € mehr verlangt.

d) Die Vollpension der Jugendherberge kostet 22,75 € pro Tag. An- und Abreise werden als ein Tag gerechnet.
Berechne … **1** den Gesamtpreis für die Klasse. **2** den Preis für jeden Schüler.

Schülerbuch Seite 134

1 In vielen Selbstbedienungsrestaurants werden Salate nach Gewicht berechnet. Vervollständige die Tabelle und ergänze die Rechenschritte.

a)

Menge	250 g	50 g	300 g
Preis	1,50 €		

b)

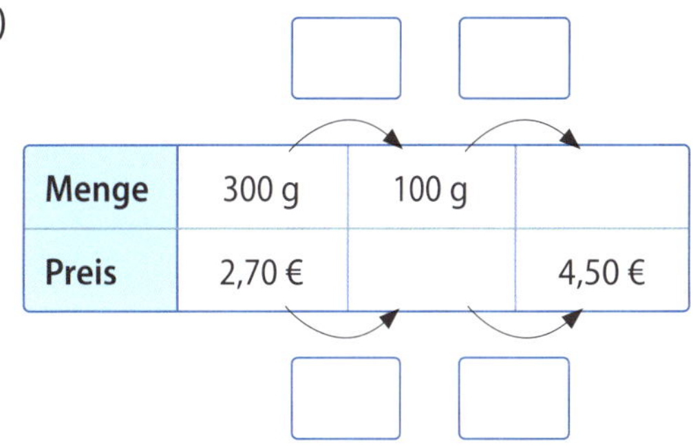

Menge	300 g	100 g	
Preis	2,70 €		4,50 €

2 Viele Länder haben eine eigene Währung. Vervollständige die Umrechnungstabellen.

a)

€	US-$
1	
2	2,30
5	
10	
50	

b)

€	Skr
1	
2	
5	
10	
50	500

c)

€	TRY
1	
2	
5	
10	70
50	

d)

€	RUB
1	
2	
5	360
10	
50	

3 Das Säulendiagramm zeigt die maximale Fluggeschwindigkeit einiger Vögel. Ergänze die Angaben in der Tabelle und runde geeignet. Benötigte Daten kannst du dem Schaubild entnehmen.

Geschwindigkeit in km/h

0, 10, 20, 30, 40, 50, 60

Amsel, Schwalbe, Meise, Krähe, Eule

Geschwindigkeit					
Flugstrecke in 30 min					
Flugstrecke in 10 min					
Flugstrecke in 90 min					

➲ *Schülerbuch Seite 138*

1 Vervollständige die Tabelle.

	a)	b)	c)	d)	e)
Karte/Modell	25 mm	8 dm	20 cm	6 cm 5 mm	3 cm
Maßstab	1 : 30 000	25 : 1			
Wirklichkeit			4 mm	195 000 cm	9 km

2 a) Bestimme die Länge der Strecke in Wirklichkeit auf einer Karte mit dem Maßstab 1 : 25 000.

1 4 cm → ________ m 2 15 cm → ________ m 3 7 cm → ________ m

b) Bestimme die Länge der Strecke auf einer Karte mit dem Maßstab 1 : 20 000.

1 240 m → ________ 2 17 km → ________ 3 800 m → ________

4 4800 dm → ________ 5 20 000 cm → ________ 6 1 km 400 m → ________

3 Bestimme die angegebenen Entfernungen in Wirklichkeit (Luftlinie). Runde geeignet.

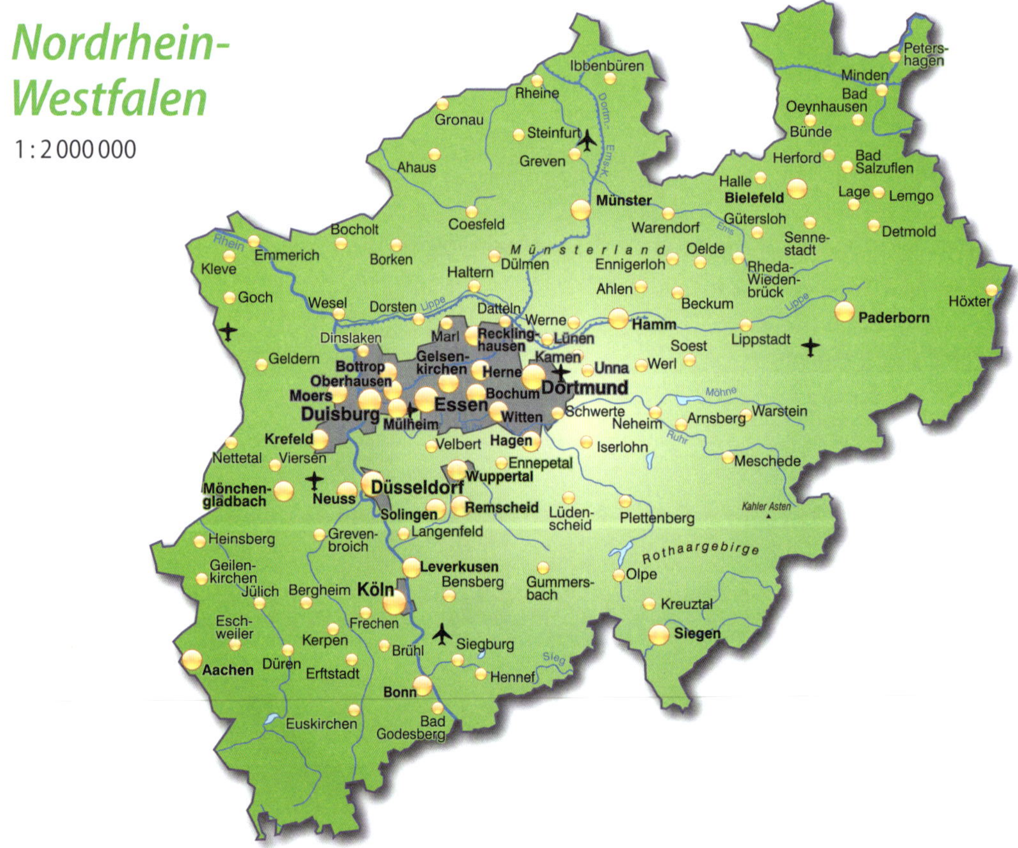

a) Siegen – Bielefeld: ________ km b) Krefeld – Meschede: ________ km

c) Lüdenscheid – Münster: ________ km d) Herford – Aachen: ________ km

e) Duisburg – Dortmund: ________ km f) Paderborn – Siegburg: ________ km

➲ Schülerbuch Seite 142

4 Verändere die abgebildeten Originalfiguren entsprechend dem angegebenen Maßstäben.

a) 1 : 3 **b)** 2 : 1  **c)** 1 : 5

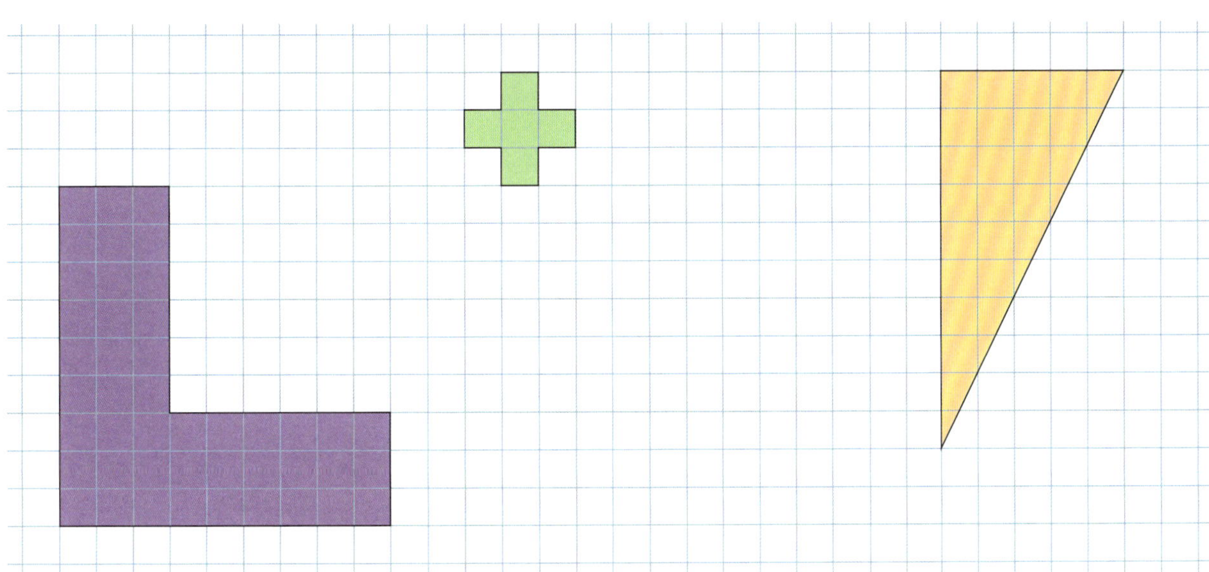

5 Ordne jeder Karte einen möglichen Maßstab zu. Verwende jeden Maßstab nur einmal.

- Karte von Nordrhein-Westfalen
- Stadtplan Siegen
- Karte von Deutschland
- Wanderkarte Teutoburger Wald
- Bauplan eines Hauses
- Autobahnkarte Westdeutschland

- 1 : 15
- 1 : 20 000
- 1 : 35 000
- 1 : 600 000
- 1 : 750 000
- 1 : 1 000 000

6 Bestimme den Maßstab der Karten. Die Entfernung (Luftlinie) zwischen Konstanz und Friedrichshafen beträgt in Wirklichkeit etwa 40 km.

a)

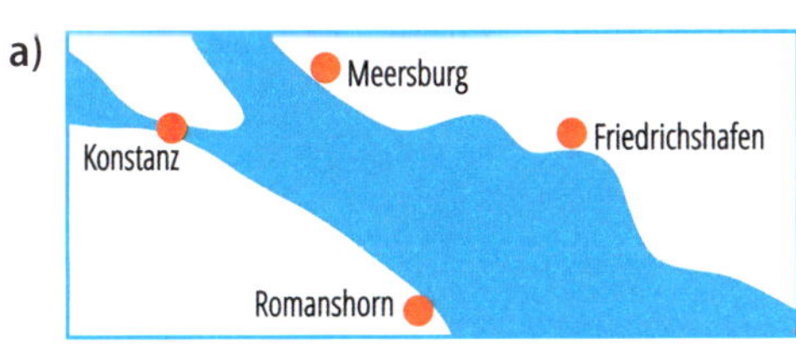

Maßstab: ______________

b)

Maßstab: ______________

➲ *Schülerbuch Seite 142*

I. Längen in verschiedenen Einheiten angeben

1 Trage die Längen in die Tabelle ein und schreibe sie in der angegebenen Einheit.

km	m			dm	cm	mm
	100	10	1			

2440 mm = ______ dm ______ cm

3 km 12 m = ______ dm

307 m 5 cm = ______ cm

67 800 dm = ______ km ______ m

2 Miss die Strecken und gib sie in den gegebenen Einheiten an.

a) Seitenlänge a: ______ cm ______ mm

Seitenlänge c: ______ mm

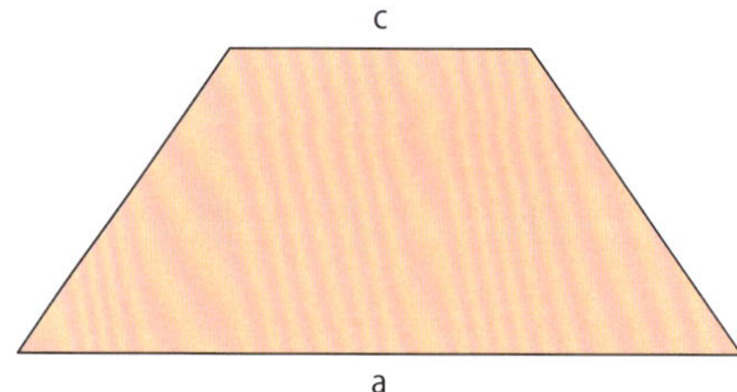

b) Seitenlänge b: ______ mm

Länge der Diagonalen e: ______ cm

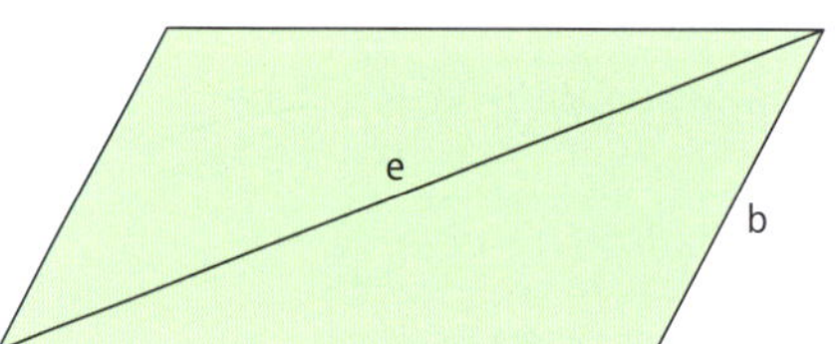

II. Massen in verschiedenen Einheiten angeben

3 Da fehlen doch Nullen! Gib die Massen in den angegebenen Einheiten an.

t	kg			g		
	100	10	1	100	10	1
		3	6	7		2
2		7	5			
	2				8	
7		3		6		

______ kg ______ g = ______ g

______ t ______ kg = ______ g

______ g = ______ kg ______ g

______ t ______ g = ______ g

4 Gib die Größen jeweils in der angegebenen Einheit an.

a) 8 kg 70 g = ______ g

7 t 7 kg = ______ kg

27 t 79 kg = ______ kg

1 t 750 g = ______ g

b) 12,07 kg = ______ g

1,008 t = ______ kg

15 g = ______ mg

7,0251 kg = ______ g

III. Zeitangaben und Geldbeträge in verschiedenen Einheiten angeben

5 Wandle in die angegebene Einheit um.

a) 1 h = ________ s
2 h 15 min = ________ min
1 h 20 min = ________ s

b) 4 min = ________ s
6 min 12 s = ________ s
24 min 38 s = ________ s

c) 4 d = ________ h
3 d 2 h = ________ h
1 d 5 min = ________ min

6 Gib die Beträge in € und ct an.

€	0,65		3,25		4	
ct		2		509		3400

7 Gib das Wechselgeld an, wenn du mit dem angegebenen Geldschein bezahlst.

Preis	6,99 €	0,69 €	11,95 €	184,90 €
Geldschein	10 €	5 €	50 €	200 €
Wechselgeld				

IV. Mit Maßstäben umgehen

8 Fülle die Lücken in der Tabelle aus.

Länge in Wirklichkeit	4 m		5 km
Länge auf der Karte	2 cm	5 cm	
Maßstab		1 : 5000	1 : 500

9 Welcher Maßstab kann möglich sein? Kreuze an.

☐ 1 : 50 ☐ 50 : 1

☐ 1 : 20 ☐ 20 : 1

☐ 1 : 100 000 ☐ 100 000 : 1

Teil	Ich kann bei einfachen Aufgaben …	Aufgaben	Kreuze an. 0–2	3–4	5–6
I.	Längen in verschiedenen Einheiten angeben.	1, 2	☹	😐	☺
II.	Massen in verschiedenen Einheiten angeben.	3, 4	☹	😐	☺
III.	Zeitangaben und Geldbeträge darstellen.	5, 6, 7	☹	😐	☺
IV.	mit Maßstäben umgehen.	8, 9	☹	😐	☺

I. Geometrische Figuren unterscheiden und zeichnen

1 Ergänze jeweils weitere Punkte, so dass die angegebene Figur entsteht. Es kann mehrere Möglichkeiten geben.

a) Rechteck **b)** Quadrat **c)** Dreieck

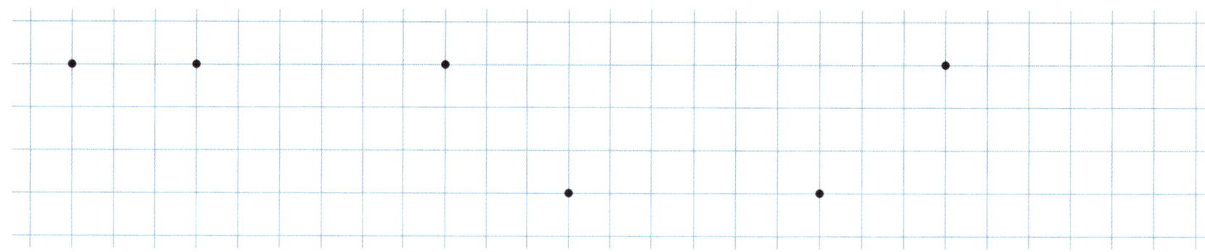

2 Beschreibe die Figur möglichst genau mit eigenen Worten.

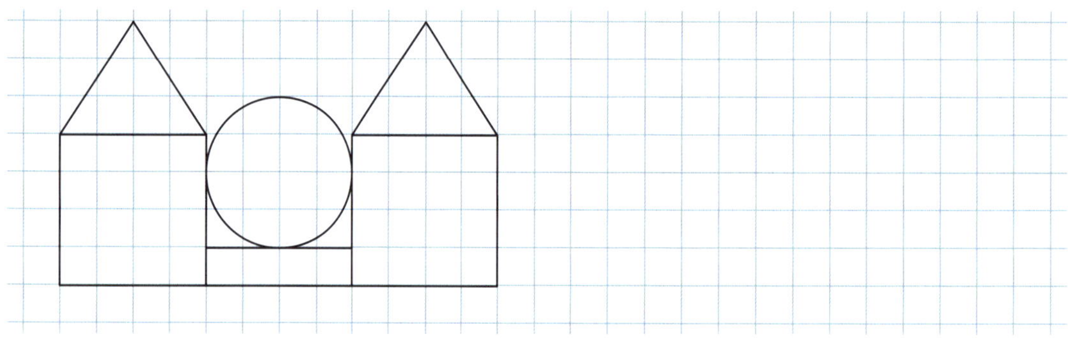

Beschreibung: ______________________________

____

____

____

____

II. Längen messen und in sinnvollen Einheiten angeben

3 Miss die Länge der Strecke und gib das Ergebnis in mm an.

a)

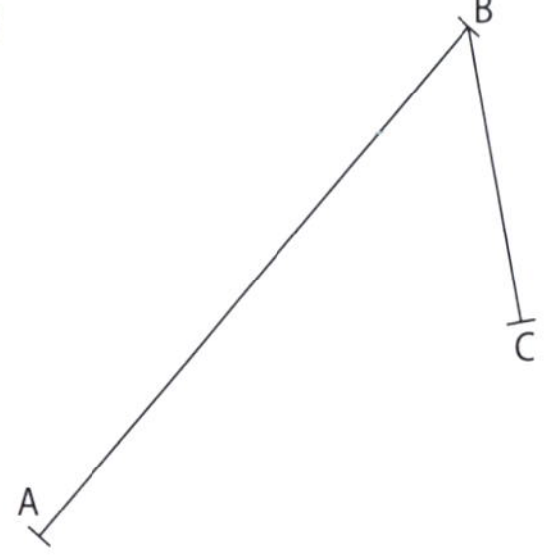

$|\overline{AB}| =$ ______________________________

$|\overline{BC}| =$ ______________________________

b)

$|\overline{BC}| =$ ______________________________

$|\overline{AC}| =$ ______________________________

4 Berechne die Länge von Alinas Schulweg.
Um von zu Hause zur Schule zu gelangen, geht Alina zuerst 250 m zur Bushaltestelle, dann fährt sie 4 km mit dem Bus und steigt um 7.45 Uhr an der Haltestelle „Marktplatz“ aus. Von da sind es noch 170 m bis zur Schule.

5 Charlotte bereitet eine große Geburtstagsfeier vor und überlegt, was sie dafür alles braucht.
Charlotte möchte ihr Zimmer für die Feier mit buntem Dekoband verschönern. Sie benötigt dafür folgende Dekoband-Stücke:
8 Stücke von je 1 m 20 cm   12 Stücke von je 75 cm   24 Stücke von je 25 cm.

a) Berechne, wie viel Dekoband Charlotte insgesamt benötigt.

Antwort: ____________________

b) Eine Rolle enthält 5 m Dekoband. Gib an, wie viele Rollen Charlotte kaufen muss.

Antwort: ____________________

III. Längeneinheiten umwandeln

6 Wandle die Längenangabe in die in der Klammer angegebene Maßeinheit um.

a) 102 m (cm) = ________   23 cm 7 mm (mm) = ________

b) 42 km 209 m (m) = ________   101 dm 70 mm (cm) = ________

c) 679 km (m) = ________   51 m 49 cm (cm) = ________

7 Ergänze die zu den angegebenen Maßzahlen passenden Einheiten.

a) 7300 cm = 73 ____   21 m = 210 ____   17 000 mm = 170 ____

b) 45 km = 45 000 ____   990 dm = 99 ____   101 m = 10 100 ____

c) 4 m 17 cm = 417 ____   6 km 39 m = 60 390 ____   20 cm 200 mm = 4 ____

Teil	Ich kann ...	Aufgaben	Kreuze an.		
			0–2	3–4	5–6
I.	geometrische Figuren unterscheiden und zeichnen.	1, 2	☹	😐	☺
II.	Längen messen und in sinnvollen Einheiten angeben.	3, 4, 5	☹	😐	☺
III.	Längeneinheiten umwandeln.	6, 7	☹	😐	☺

Umfang ebener Figuren

1 Bestimme den Umfang der Figuren in cm.

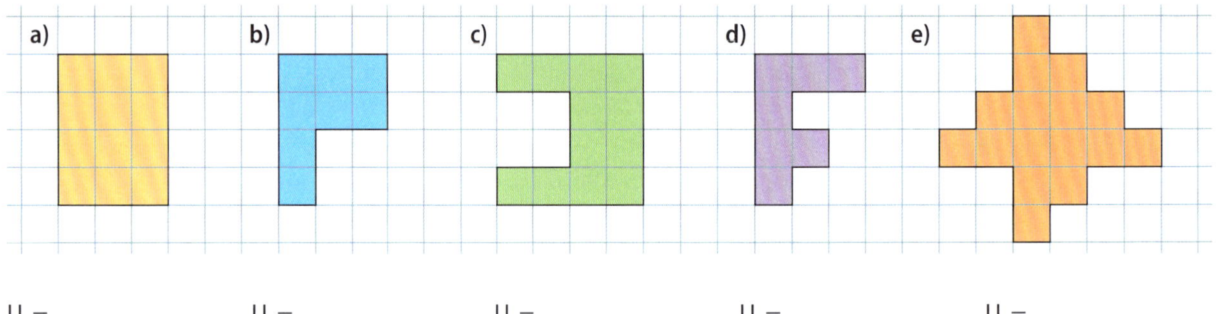

U = ______ U = ______ U = ______ U = ______ U = ______

2 Miss die Seitenlängen der Figur und bestimme ihren Umfang.

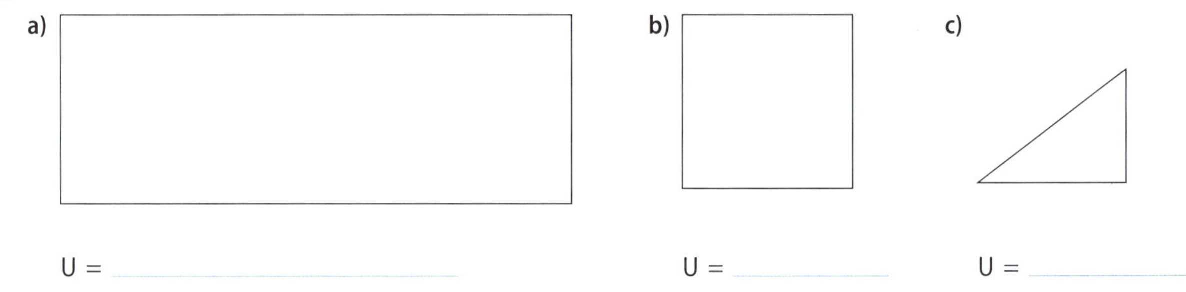

U = ______ U = ______ U = ______

3 Ergänze jeweils zu einem Rechteck, das den Umfang 12 cm hat.

1 2 3

4 Ergänze die fehlenden Werte in der Tabelle.

Figur	Rechteck					Quadrat		
	a)	b)	c)	d)	e)	f)	g)	h)
Länge a	8 cm	40 dm		320 m	1,12 dm	9,8 cm		
Breite b	5 cm		87 cm		23 mm			6,8 dm
Umfang U		124 dm	17,6 dm	0,8 km			4,4 m	

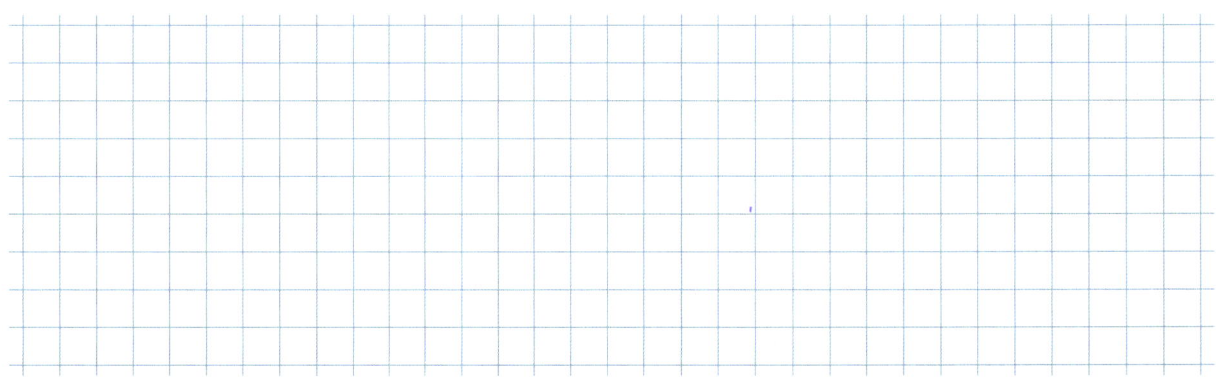

Schülerbuch Seite 158

5 Berechne die Umfangslänge jeder der vier jeweils bezüglich der gestrichelten Achse symmetrischen Figuren (Zeichnungen nicht maßstäblich).

a)

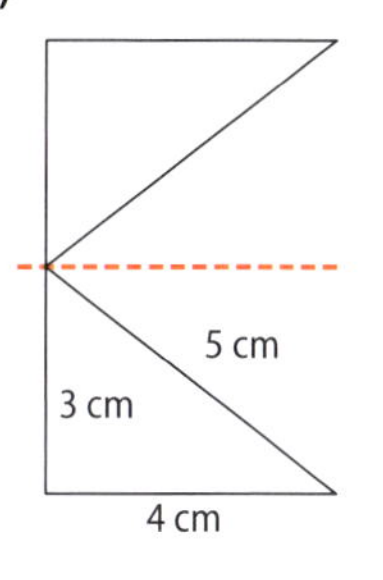

b)

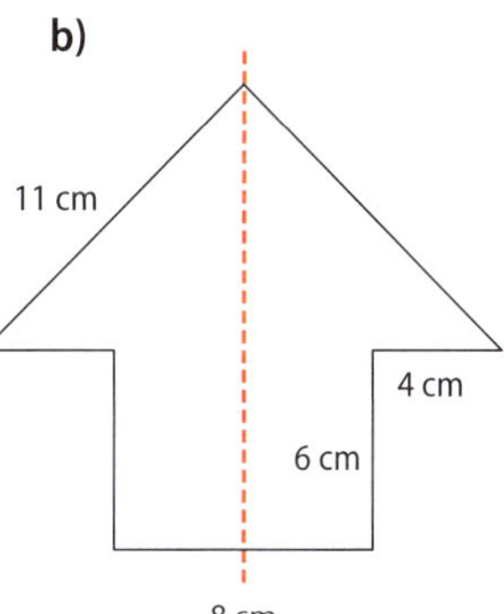

c)

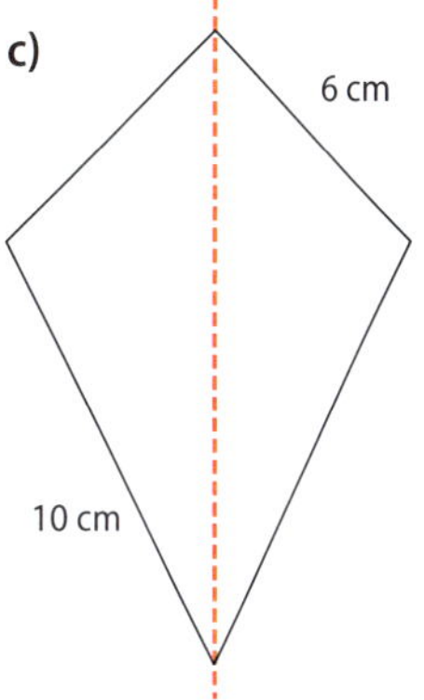

d)

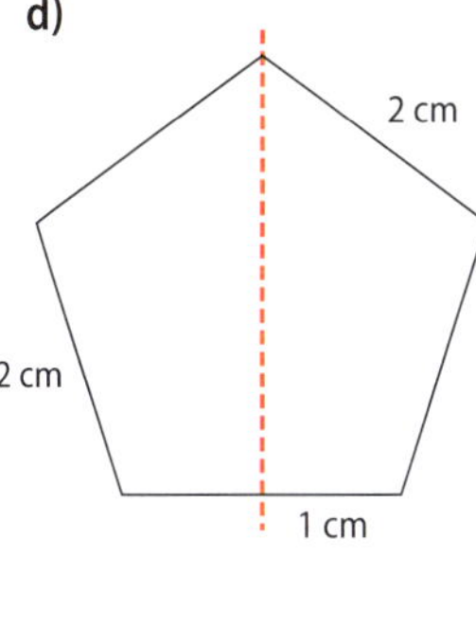

U = ______ U = ______ U = ______ U = ______

6 Die abgebildeten Vierecke A, B, C, D und E sind Quadrate. Das Quadrat A hat einen Umfang der Länge 24 cm und das Quadrat B einen Umfang der Länge 4 cm. Finde heraus, um wie viel cm die Umfangslänge des Quadrats E größer ist als die des Quadrats A.

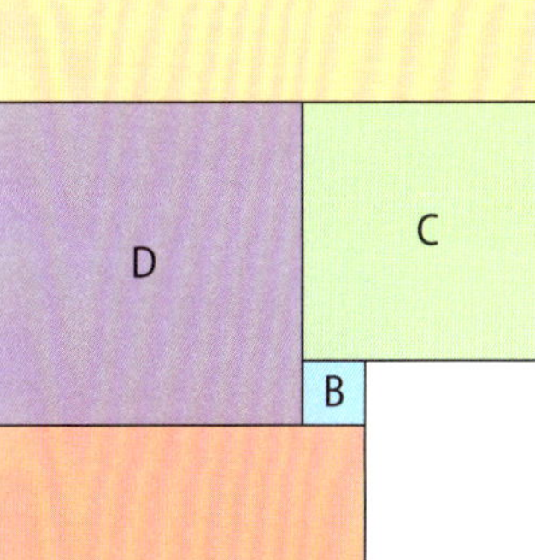

Antwort: Die Länge des Umfangs von Quadrat E ist ______ größer als die von Quadrat A.

Schülerbuch Seite 161

Flächeninhalt bestimmen und Flächeneinheiten

1 Bestimme, aus wie vielen Kästchen die Figur besteht. Fasse Dreiecke geeignet zu Rechtecken zusammen.

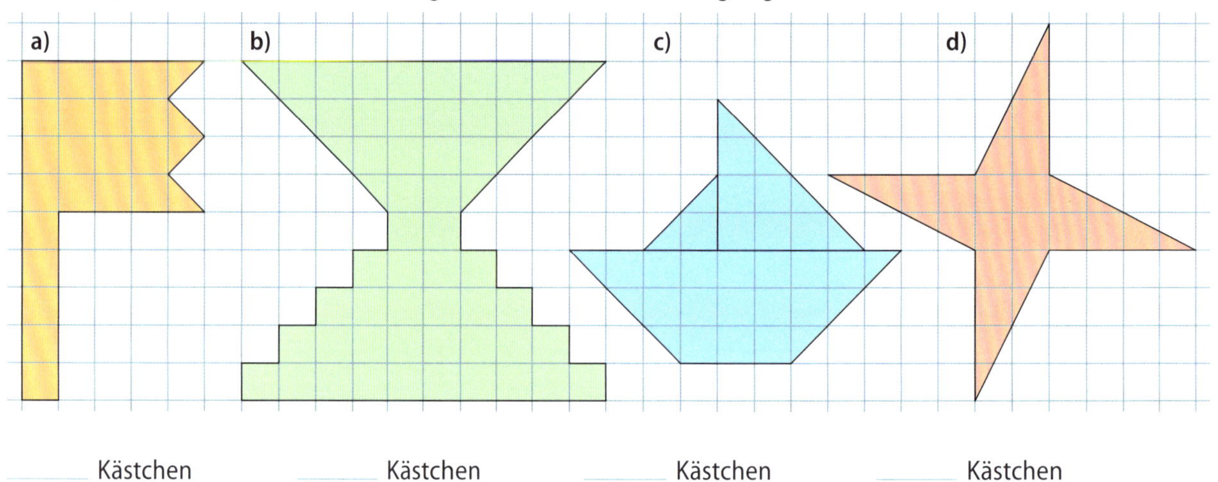

____ Kästchen ____ Kästchen ____ Kästchen ____ Kästchen

2 Ordne die Flächen ihrer Größe nach. Beginne mit der größten Fläche.

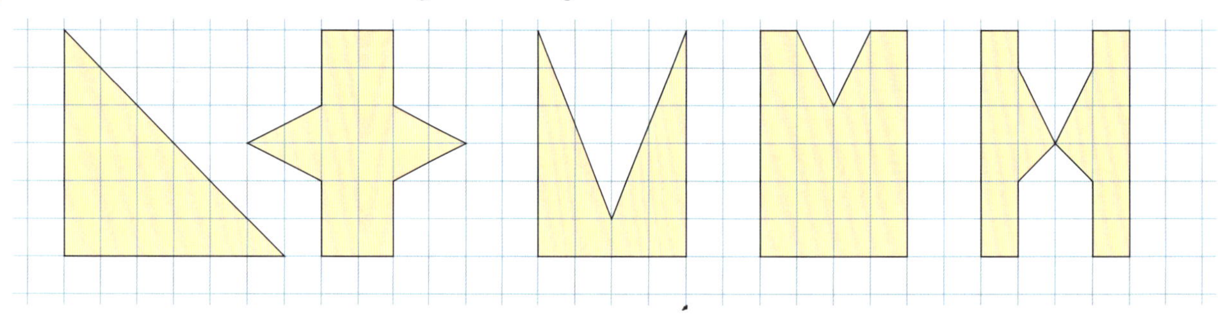

3 Gib jeweils den Flächeninhalt der Figuren an.

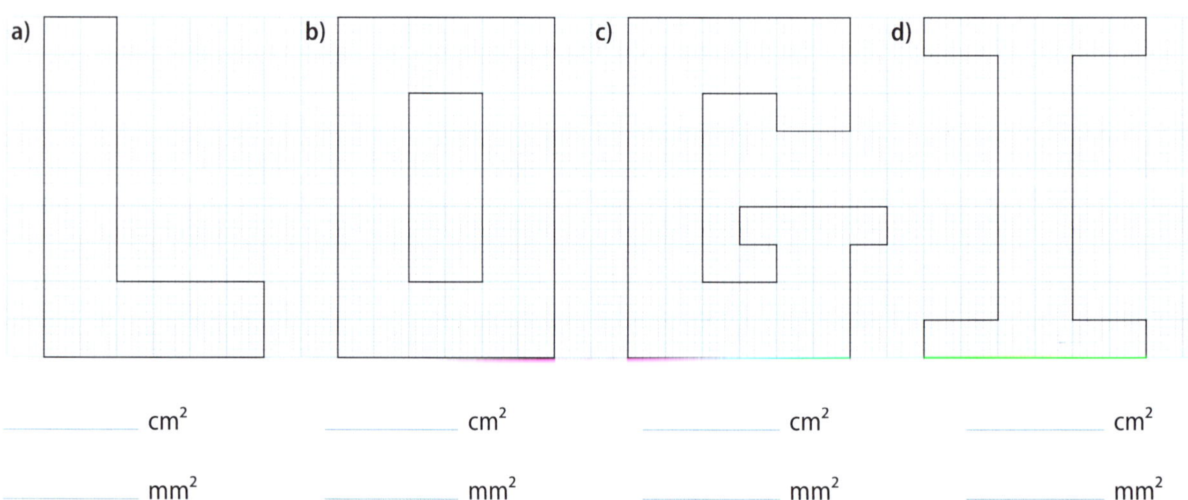

____ cm^2 ____ cm^2 ____ cm^2 ____ cm^2

____ mm^2 ____ mm^2 ____ mm^2 ____ mm^2

4 Kreuze an, welche der Gegenstände den jeweils angegebenen Flächeninhalt haben können.

a) 2 m^2	☐ Fensterscheibe	☐ Monitor	☐ Tafel	☐ Buchseite	☐ Foto
b) 1 dm^2	☐ DIN-A4-Blatt	☐ Notizzettel	☐ Winddrachen	☐ Regenschirm	☐ Geldschein
c) 700 mm^2	☐ Handy-Display	☐ Briefmarke	☐ Geldmünze	☐ Fernseher	☐ Knopf

Schülerbuch Seite 162/164

5 Trage die Zahlen in die Einheitentafel ein und vervollständige die letzte Spalte.

	km^2		ha		a		m^2		dm^2		cm^2		mm^2		
	10	1	10	1	10	1	10	1	10	1	10	1	10	1	
1 437 m^2															= ______ dm^2
2 1908 a															= ______ ha
3 14 km^2															= ______ ha
4 65 000 mm^2															= ______ dm^2

6 Wandle in die nächstkleinere Einheit um.

a) 12 cm^2 = ______ **b)** 17 ha = ______ **c)** 50 a = ______ **d)** 425 km^2 = ______

7 Schreibe in der angegebenen Einheit.

a) 700 cm^2 = ______ m^2 **b)** 900 mm^2 = ______ cm^2 **c)** 3,75 a = ______ cm^2

350 m^2 = ______ dm^2 444 ha = ______ dm^2 2,4 m^2 = ______ mm^2

8 Gehe auf Fehlersuche. Berichtige die falschen Umwandlungen.

a) 5 m^2 = 50 cm^2 **b)** 75 ha = 7500 a **c)** 25 dm^2 = 2500 mm^2 **d)** 33 a = 33 000 cm^2

9 Geheimschrift. Knack den Flächencode.

A	B	C	D	E	F	G	H	I	J	K	L	M	N	O	P	Q	R	S	T	U	V	W	X	Y	Z
1	2	3	4	5	6	7	8	9	10	11	12	13	14	15	16	17	18	19	20	21	22	23	24	25	26

Botschaft: ______

Umfang und Flächeninhalt von Rechteck und Quadrat

1 Bestimme den Flächeninhalt und den Umfang der abgebildeten Rechtecke.

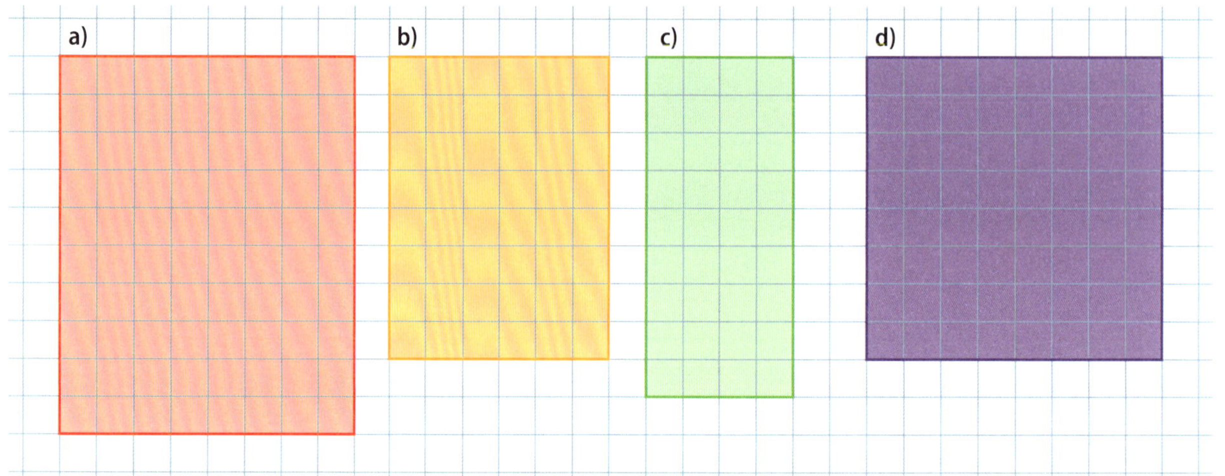

A_R = ______ A_R = ______ A_R = ______ A_R = ______

U_R = ______ U_R = ______ U_R = ______ U_R = ______

2 Bestimme die fehlenden Größen eines Rechtecks.

	a)	b)	c)	d)	e)
a	5 cm	35 mm		75 m	
b	7 cm		9 dm		750 m
A_R		525 mm²		15 a	
U_R			45 dm		7 km 800 m

3 Vervollständige die Quadrate. Bestimme jeweils den Flächeninhalt und den Umfang.

a)

b)

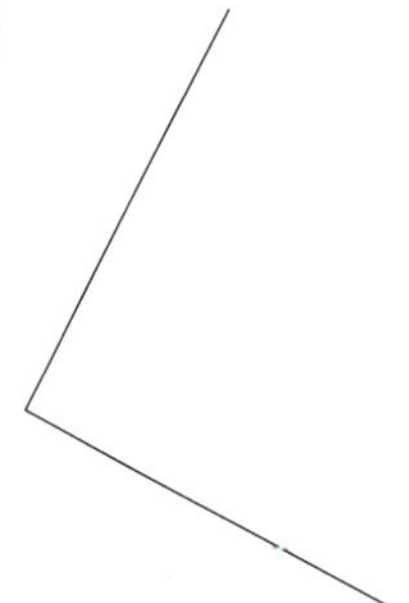

A_Q = ______ U_Q = ______ A_Q = ______ U_Q = ______

4 Bestimme die Seitenlänge a und den Umfang U eines Quadrats mit dem gegebenen Flächeninhalt.

a) $A_Q = 169\ cm^2$ **b)** $A_Q = 625\ m^2$ **c)** $A_Q = 1\ m^2\ 21\ dm^2$

a = ______ U_Q = ______ a = ______ U_Q = ______ a = ______ U_Q = ______

Schülerbuch Seite 168

1 Zeige durch Zerlegen, dass die beiden Figuren jeweils denselben Flächeninhalt besitzen. Gib an, wie groß er ist.

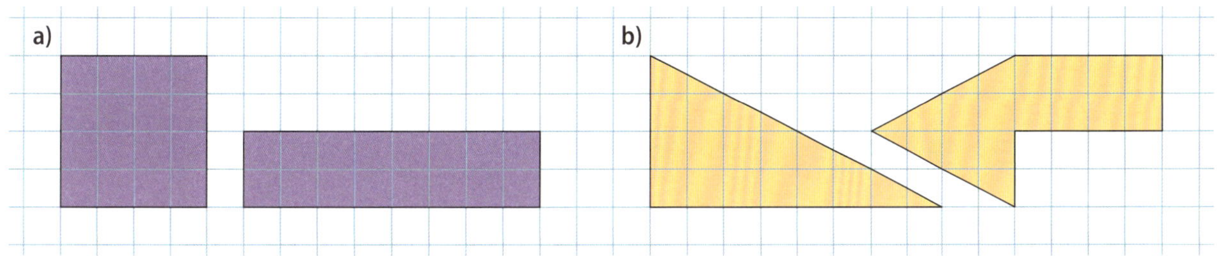

Flächeninhalt: ______ Kästchen   Flächeninhalt: ______ Kästchen

2 Bestimme, welche Figuren denselben Flächeninhalt haben.

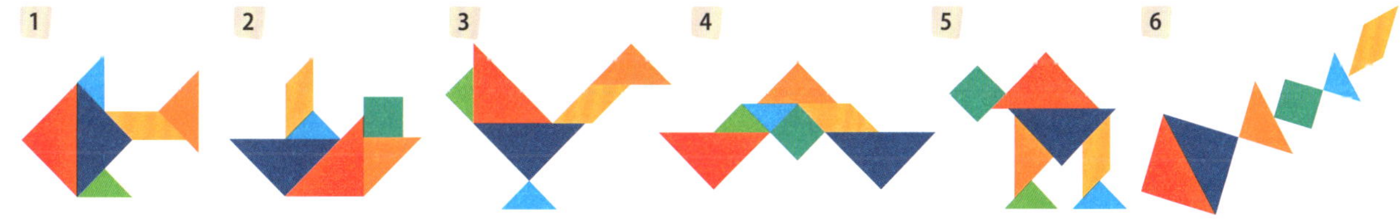

3 Zerlege die verschiedenen Figuren in gleiche Teilstücke und färbe diese jeweils gleich. Beschreibe deine Beobachtung.

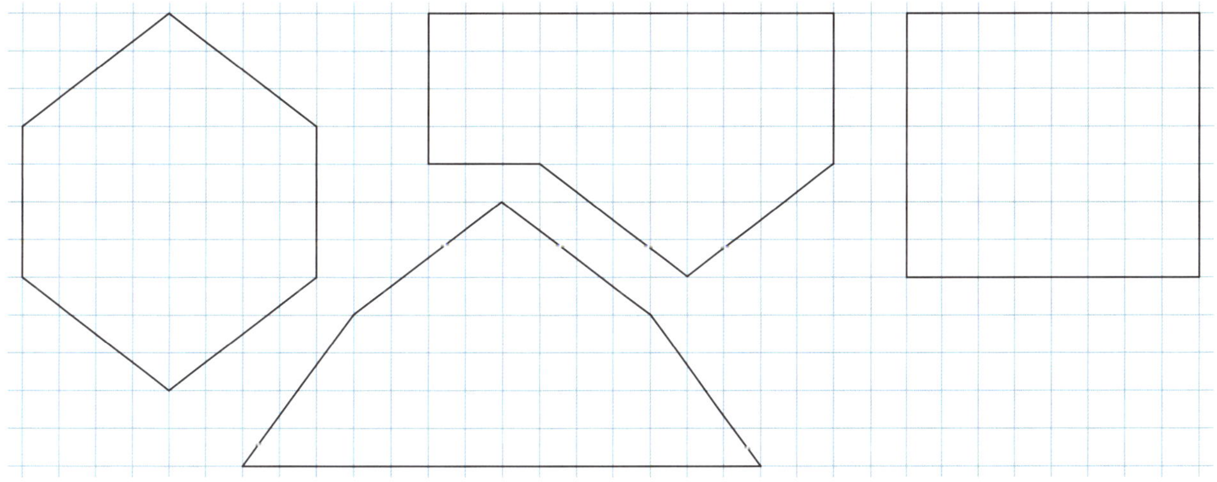

4 Das Flächenmaß für Länder wird in Quadratkilometern (km^2) angegeben. Berechne, wie viele Fußballfelder (105 m lang, 68 m breit) auf 1 km^2 Fläche passen.

Antwort: Es passen etwa ______ Fußballfelder auf 1 km^2 Fläche.

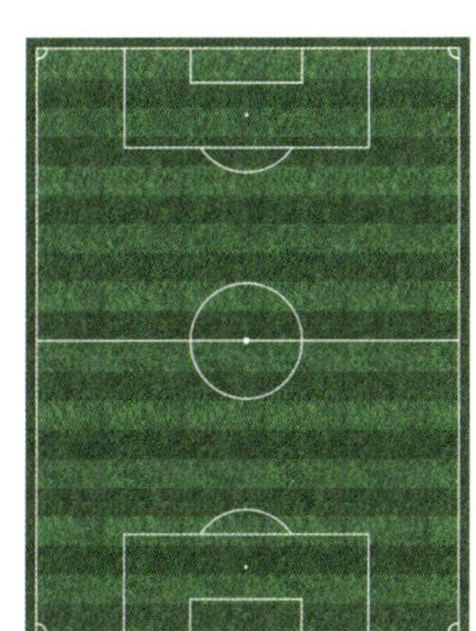

I. Umfänge bestimmen

1 Ergänze die fehlenden Angaben.

Figur	Länge a	Länge b	Umfang U
Rechteck	35 mm	2 cm 5 mm	
Quadrat			3,6 dm
Rechteck	200 mm		61 cm

2 Berechne den Umfang der abgebildeten Figuren (Zeichnung nicht maßgenau).

a)

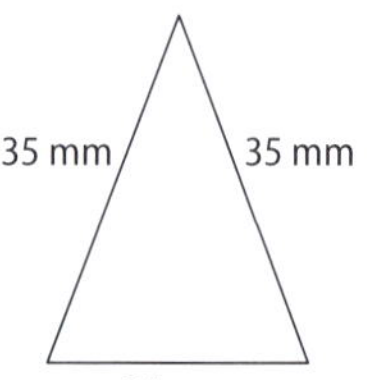

U = ____________

b)

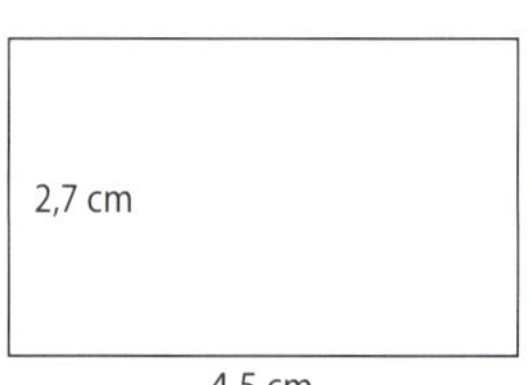

U = ____________

c)

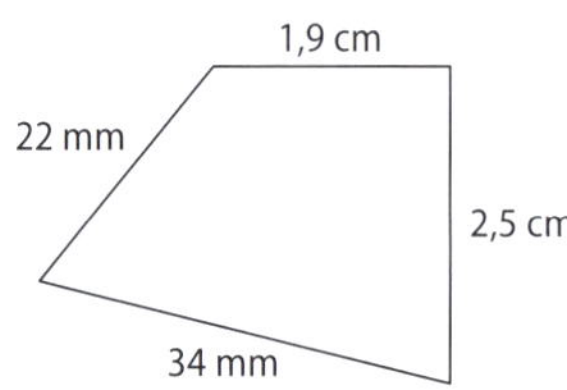

U = ____________

II. Flächen messen und Flächeneinheiten umwandeln

3 Bestimme den Flächeninhalt der abgebildeten Rechtecke.

a) ____________ Kästchen

b) ____________ Kästchen

c) ____________ Kästchen

4 Bestimme den Flächeninhalt der abgebildeten Figuren in mm^2.

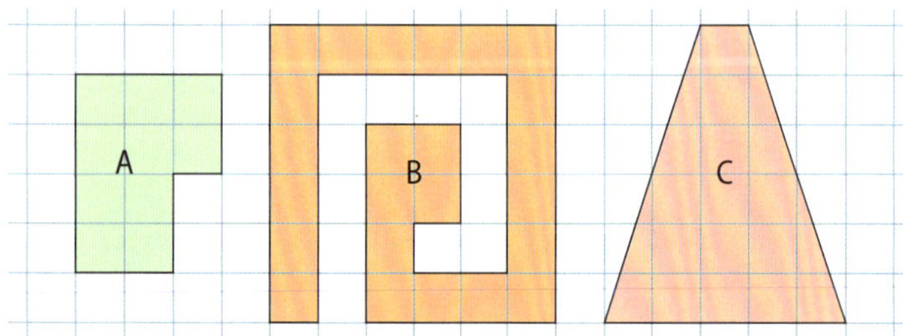

A = ____________ mm^2

B = ____________ mm^2

C = ____________ mm^2

5 Wandle in die angegebene Einheit um.

a) $349\ m^2 =$ ____________ cm^2

$34{,}02\ dm^2 =$ ____________ mm^2

b) $27\ km^2 =$ ____________ a

$2{,}12\ a =$ ____________ cm^2

III. Umfänge und Flächeninhalte von Rechteck und Quadrat berechnen

6 Vervollständige die Tabelle.

	Länge	Breite	Flächeninhalt	Umfang
Rechteck 1	5 cm		30 cm²	
Rechteck 2	4,6 dm	57 cm		
Rechteck 3		6 dm	48 dm²	
Quadrat 1	16 mm			
Quadrat 2			625 m²	
Quadrat 3				30,4 dm

IV. Flächeninhalte weiterer Figuren bestimmen

7 Zeige durch Zerlegung, dass alle Figuren den gleichen Flächeninhalt haben.

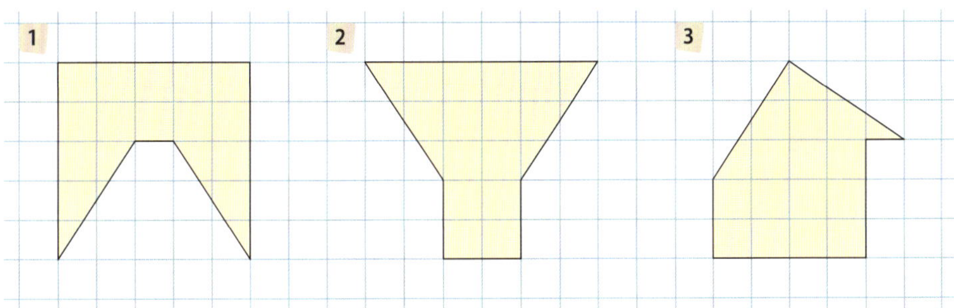

8 Berechne den Flächeninhalt der Figur.

a)

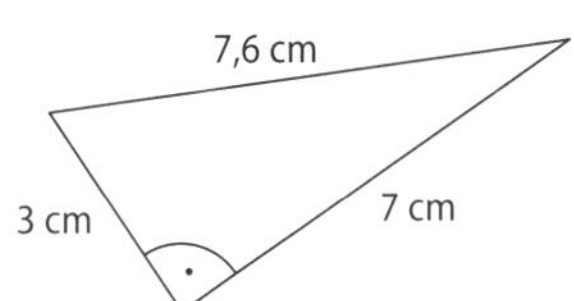

A_D = ____________

b)

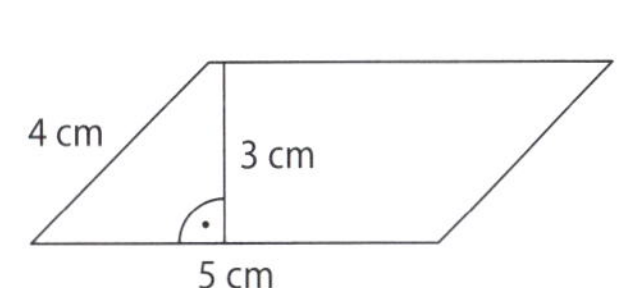

A_P = ____________

c)

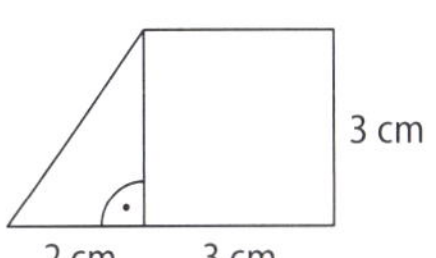

A = ____________

Teil	Ich kann bei einfachen Aufgaben ...	Aufgaben	Kreuze an.		
			0–2	3–4	5–6
I.	Umfänge bestimmen.	1, 2	☹	😐	☺
II.	Flächen messen und Flächeneinheiten umwandeln.	3, 4, 5	☹	😐	☺
III.	Umfänge und Flächeninhalte von Rechteck und Quadrat berechnen.	6	☹	😐	☺
IV.	Flächeninhalte weiterer Figuren bestimmen.	7, 8	☹	😐	☺

I. Zusammenhänge im kleinen 1x1 beschreiben

1 **a)** Kreuze alle Vielfachen von 3 in rot, alle Vielfachen von 9 in blau und alle Vielfachen von 10 in grün an.

1	2	3	4	5	6	7	8	9	10
11	12	13	14	15	16	17	18	19	20
21	22	23	24	25	26	27	28	29	30
31	32	33	34	35	36	37	38	39	40
41	42	43	44	45	46	47	48	49	50
51	52	53	54	55	56	57	58	59	60
61	62	63	64	65	66	67	68	69	70
71	72	73	74	75	76	77	78	79	80
81	82	83	84	85	86	87	88	89	90
91	92	93	94	95	96	97	98	99	100

b) Beschreibe Zusammenhänge zwischen den Zahlreihen, die du erkennst.

II. Zahlenreihen bestimmen

2 Notiere die angegebene Zahlenreihe.

a) 12er

b) 15er

c) 18er

3 Setze die Zahlenfolge drei Schritte nach links und nach rechts fort. Gib jeweils die Regelmäßigkeit an.

Beispiel

___, ___, ___, 30, 35, 33, 38, ___, ___, ___

Lösung:

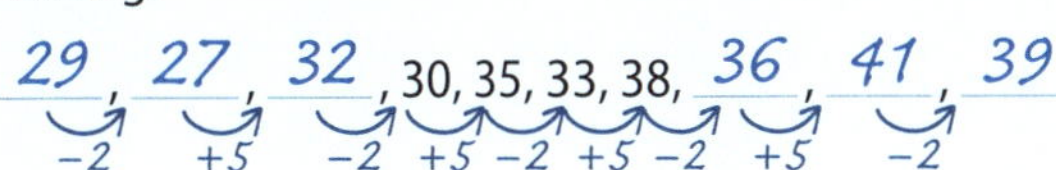

a) ___, ___, ___, 87, 96, 105, 114, ___, ___, ___

b) ___, ___, ___, 45, 51, 58, 66, ___, ___, ___

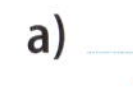

4 Setze die Zahlenfolgen drei Schritte nach links und rechts fort. Schreibe die Regelmäßigkeit, die du erkennst, unter die einzelnen Schritte.

a) ___, ___, ___, 65, 73, 81, 89, ___, ___, ___

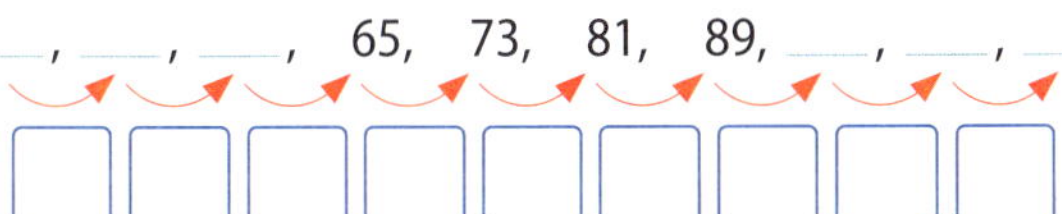

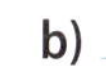

b) ___, ___, ___, 23, 69, 74, 222, 227, ___, ___, ___

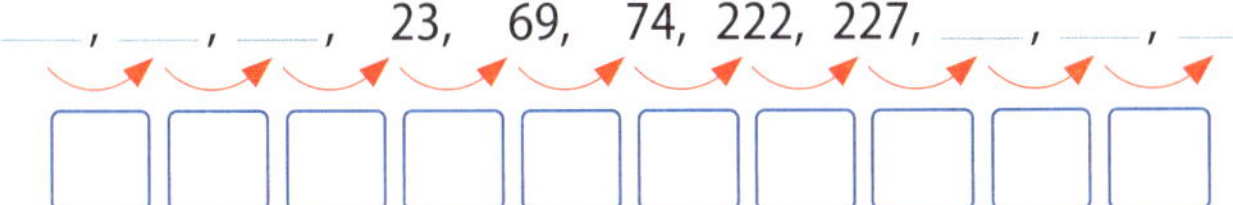

III. Natürliche Zahlen multiplizieren und dividieren

5 Multipliziere schriftlich.

a) $27 \cdot 462 =$ ___ b) $78 \cdot 2638 =$ ___ c) $20\,509 \cdot 32 =$ ___

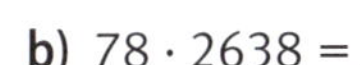

6 Dividiere schriftlich.

a) $712 : 8 =$ ___ b) $3942 : 6 =$ ___ c) $3123 : 9 =$ ___

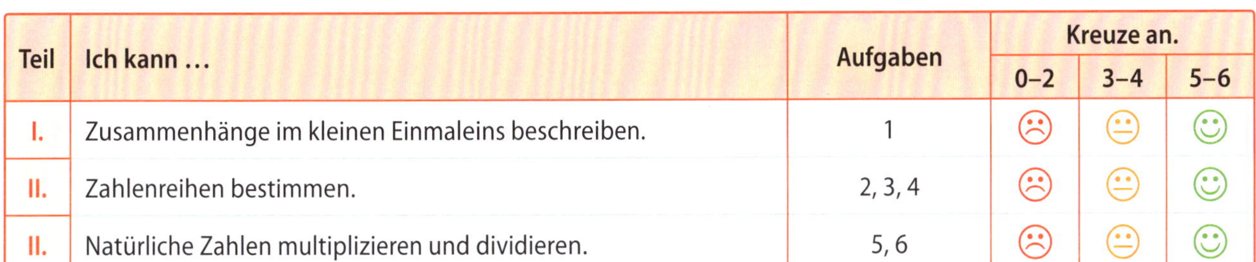

Teil	Ich kann …	Aufgaben	Kreuze an. 0–2	3–4	5–6
I.	Zusammenhänge im kleinen Einmaleins beschreiben.	1	☹	😐	☺
II.	Zahlenreihen bestimmen.	2, 3, 4	☹	😐	☺
II.	Natürliche Zahlen multiplizieren und dividieren.	5, 6	☹	😐	☺

Teiler und Vielfache

1 Bestimme sämtliche Teiler der gegebenen Zahl, indem du sie in Faktoren zerlegst.

a) 16 = 1 · 16
16 = ___ · ___
16 = ___ · ___
T_{16} = { ___ }

b) 20 = ___ · ___
20 = ___ · ___
20 = ___ · ___
T_{20} = { ___ }

c) 48 = ___ · ___
48 = ___ · ___
48 = ___ · ___
48 = ___ · ___
48 = ___ · ___
T_{48} = { ___ }

2 Ein Memoryspiel besteht aus 24 Kärtchen. Zeichne alle Rechtecke auf, in denen man die Karten anordnen kann.

3 Bestimme zunächst die Vielfachen jeder Zahl. Markiere gemeinsame Vielfache farbig und bestimme damit die gemeinsamen Vielfachen beider Zahlen.

a) V_3 = { ☐; ☐; ☐; ☐; ☐; ☐; ☐; ☐; ☐; ☐; ☐; …}

V_4 = { ☐; ☐; ☐; ☐; ☐; ☐; ☐; ☐; ☐; ☐; ☐; …}

gemeinsame Vielfache (3; 4) = { ___ }

b) V_{12} = { ☐; ☐; ☐; ☐; ☐; ☐; ☐; ☐; ☐; ☐; ☐; …}

V_{15} = { ☐; ☐; ☐; ☐; ☐; ☐; ☐; ☐; ☐; ☐; ☐; …}

gemeinsame Vielfache (12; 15) = { ___ }

4 Bestimme die Teilermengen der Zahlen. Markiere gemeinsame Teiler farbig.

a) T_{18} = { ☐; ☐; ☐; ☐; ☐; ☐ }

T_{42} = { ☐; ☐; ☐; ☐; ☐; ☐; ☐; ☐ }

b) T_{56} = { ☐; ☐; ☐; ☐; ☐; ☐; ☐; ☐ }

T_{64} = { ☐; ☐; ☐; ☐; ☐; ☐; ☐ }

 Schülerbuch Seite 192

1 Überprüfe auf Teilbarkeit. Kreuze an.

	236	290	477	1292	47 100	26 454 822
teilbar durch 2						
teilbar durch 4						
teilbar durch 5						
teilbar durch 10						

2 Stelle aus den Ziffern jeweils vierstellige Zahlen zusammen, die teilbar sind durch …

a) 4, aber nicht durch 5: ____________________

b) 4 und 5: ____________________

c) 2 und 5, aber nicht durch 4: ____________________

3 Bestimme die Quersumme und entscheide über die Teilbarkeit.

Zahl	Quersumme	teilbar durch 3		teilbar durch 9	
64 152	*6 + 4 + 1 + 5 + 2 = 18*	☐ ja	☐ nein	☐ ja	☐ nein
54 732		☐ ja	☐ nein	☐ ja	☐ nein
37 269		☐ ja	☐ nein	☐ ja	☐ nein
939 421		☐ ja	☐ nein	☐ ja	☐ nein
631 844 021		☐ ja	☐ nein	☐ ja	☐ nein
451 834 629		☐ ja	☐ nein	☐ ja	☐ nein

4 Markiere Zahlen, die durch 3, 4 oder 5 teilbar sind. Der Größe nach geordnet ergeben die Buchstaben ein Lösungswort. Beginne mit der kleinsten Zahl.

79 M	94 G	45 S	95 H	27 I	47 T	62 S	92 O	49 A
29 O	22 F	81 L	56 E	99 N	82 E	98 R	78 R	

Lösungswort: ____________________

5 Margot meint: „Mein Alter, das meiner Mutter und das meiner Oma ist jeweils durch 6 teilbar. Letztes Jahr waren alle Altersangaben durch 5 teilbar. Dabei ist meine Oma noch keine 70." Bestimme, wie alt Margot, ihre Mutter und ihre Oma sind.

Margot: ______ Jahre Mutter: ______ Jahre

Oma: ______ Jahre

Schülerbuch Seite 194/196/197

Besondere Teiler und Vielfache: Primzahlen

1 Finde alle Primzahlen zwischen 1 und 150. Gehe wie folgt vor:

1 Kreise dazu die erste freie Zahl ein (Start: 2) und streiche alle Vielfachen von ihr.

2 Gehe dann zur nächsten freien Zahl über (in diesem Fall die 3) und wiederhole Schritt 1.

	2	3	4	5	6	7	8	9	10	11	12	13	14	15
16	17	18	19	20	21	22	23	24	25	26	27	28	29	30
31	32	33	34	35	36	37	38	39	40	41	42	43	44	45
46	47	48	49	50	51	52	53	54	55	56	57	58	59	60
61	62	63	64	65	66	67	68	69	70	71	72	73	74	75
76	77	78	79	80	81	82	83	84	85	86	87	88	89	90
91	92	93	94	95	96	97	98	99	100	101	102	103	104	105
106	107	108	109	110	111	112	113	114	115	116	117	118	119	120
121	122	123	124	125	126	127	128	129	130	131	132	133	134	135
136	137	138	139	140	141	142	143	144	145	146	147	148	149	150

2 Zerlege in Primfaktoren.

a) 45 = ☐ · ☐ · ☐ **b)** 96 = ☐ · ☐ · ☐ · ☐ · ☐ · ☐ **c)** 70 = ☐ · ☐ · ☐

d) 38 = ☐ · ☐ **e)** 450 = ☐ · ☐ · ☐ · ☐ · ☐ **f)** 123 = ☐ · ☐

3 **a)** Schreibe alle geraden Zahlen zwischen 4 und 20 als Summe zweier Primzahlen.

4 = *2 + 2* 6 = ___ + ___ 8 = ___ + ___ 10 = ___ + ___ 12 = ___ + ___

14 = ___ + ___ 16 = ___ + ___ 18 = ___ + ___ 20 = ___ + ___

b) Christian Goldbach war Lehrer des russischen Zaren Peter II. Er hatte bereits 1742 die Vermutung, dass sich alle geraden Zahlen als Summe zweier Primzahlen darstellen lassen. Überprüfe die Goldbach'sche Vermutung bis zur Zahl 62. Nutze dazu Aufgabe 1.

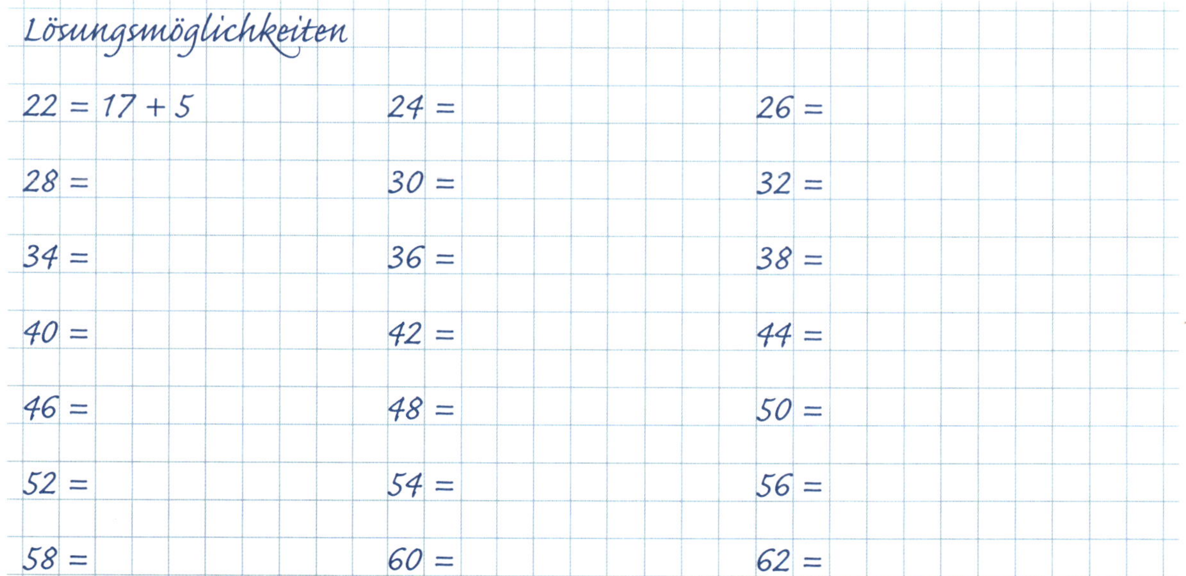

Schülerbuch Seite 198

1 Gib an, in wie viele Stammbrüche die Figur bzw. der Körper zerlegt ist. Wie heißt ein solcher Teil?

a)

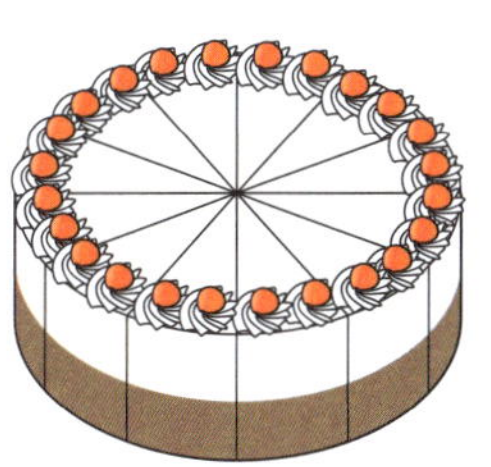

12 Teile

ein Zwölftel

b)

c)

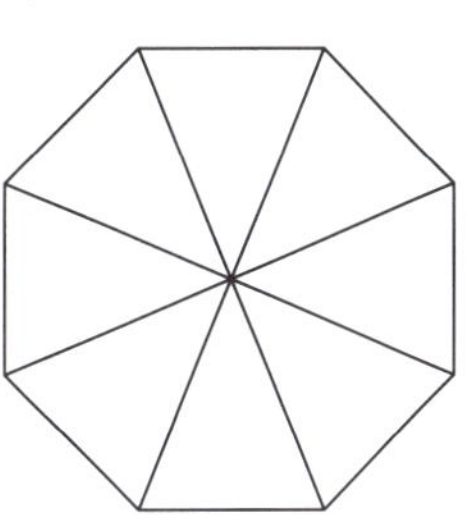

d)

2 Markiere jeweils die Hälfte, ein Viertel und ein Achtel der Figuren in verschiedenen Farben.

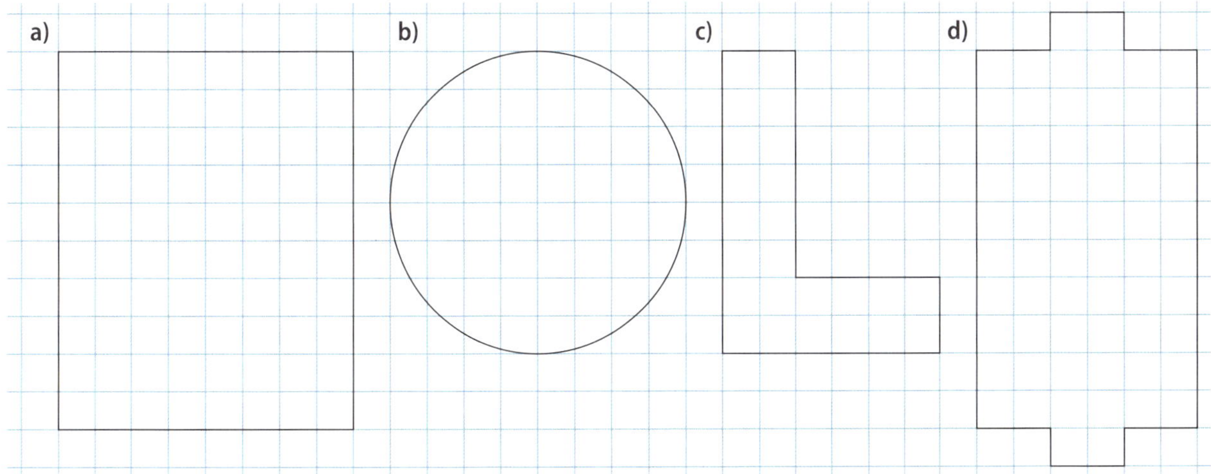

3 Ergänze die dargestellten Figuren jeweils zum Ganzen.

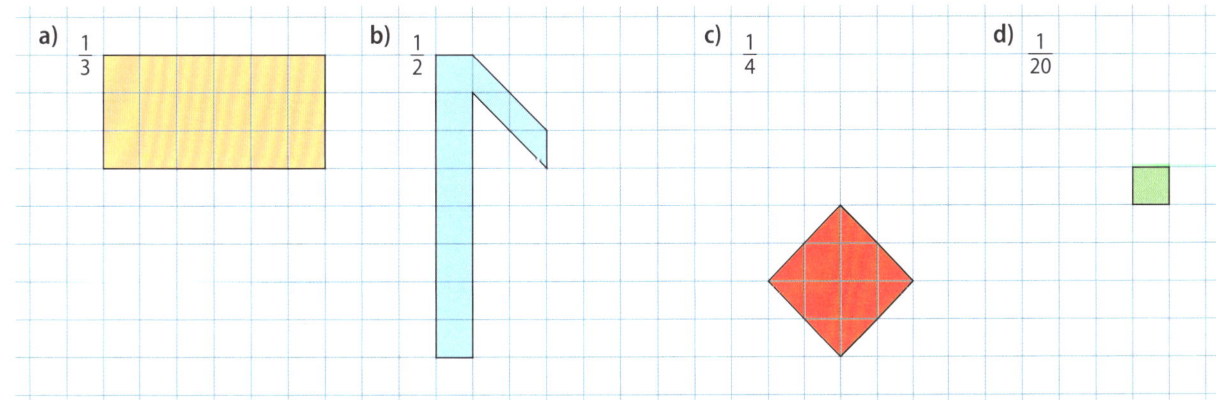

4 Markiere auf der Strecke die angegebenen Bruchteile und gib jeweils die zugehörige Länge an.

0 ——————————————— 1

1 Ganzes ≙ 12 cm | $\frac{1}{2}$ ≙ ______ | $\frac{1}{4}$ ≙ ______ | $\frac{1}{6}$ ≙ ______

$\frac{1}{8}$ ≙ ______ | $\frac{1}{10}$ ≙ ______ | $\frac{1}{12}$ ≙ ______ | $\frac{1}{24}$ ≙ ______

Schülerbuch Seite 202

Anteile herstellen

1 Welcher Anteil ist jeweils eingefärbt, welcher ist weiß?

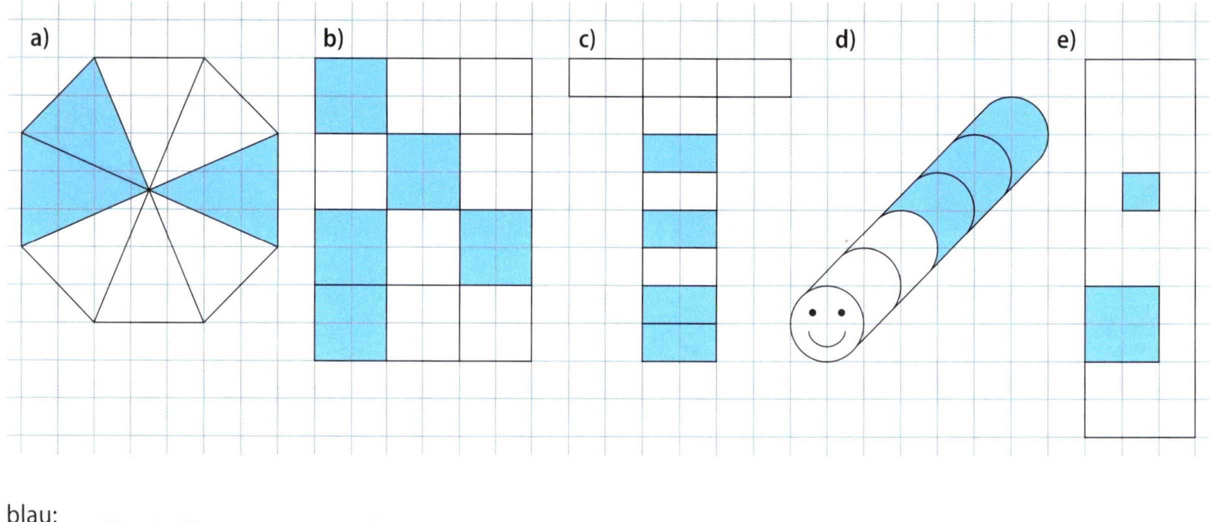

blau:

weiß:

2 Welcher Anteil an der Gesamtstrecke wird durch jeden Buchstaben markiert?

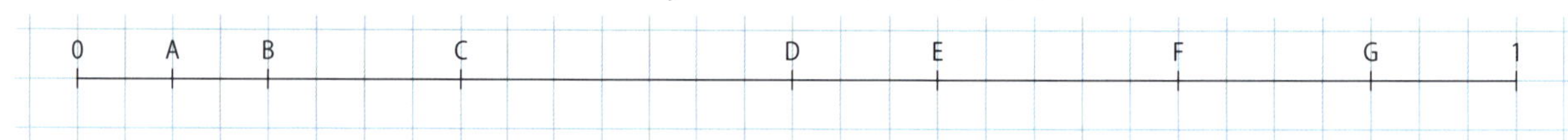

A: B: C: D: E: F: G:

3 Gib jeweils an, welcher Anteil der Figuren zum Ganzen fehlt. Vervollständige die Figur zum Ganzen.

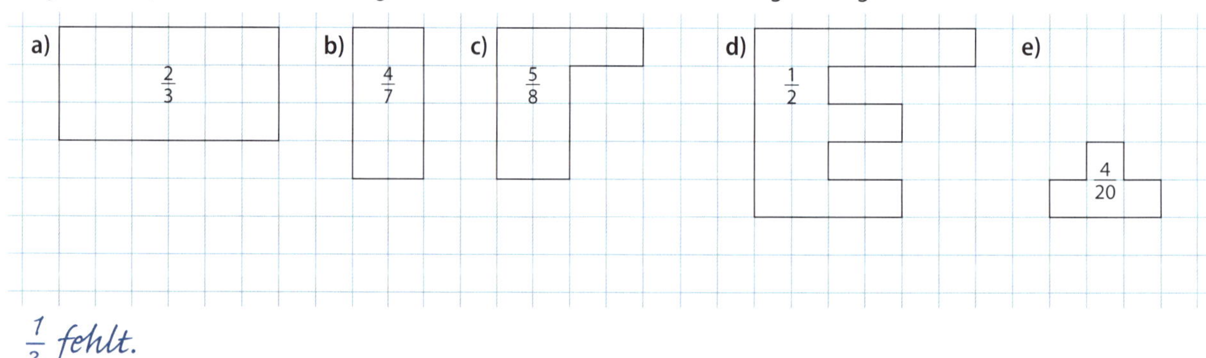

$\frac{1}{3}$ fehlt.

4 Färbe den angegebenen Bruchteil der Fläche.

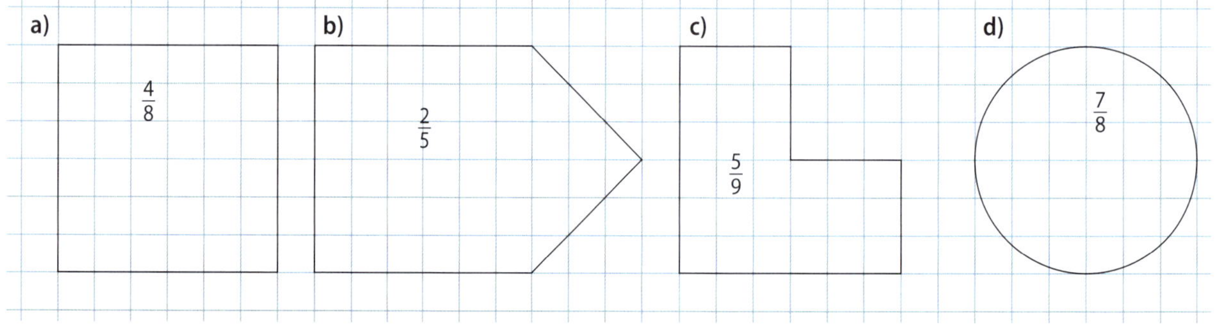

➲ Schülerbuch Seite 206

Anteile auf verschiedene Arten angeben

1 Bestimme die Anteile. Gib an, mit welcher Zahl erweitert bzw. gekürzt wurde.

a) 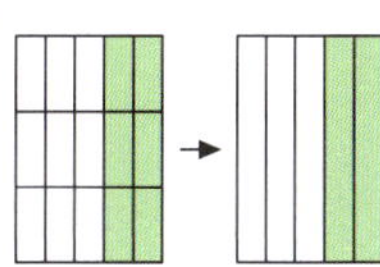

b) 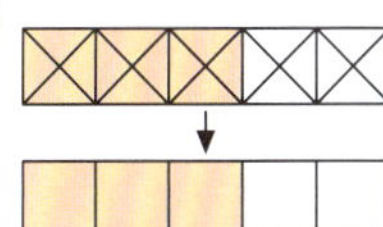

c) 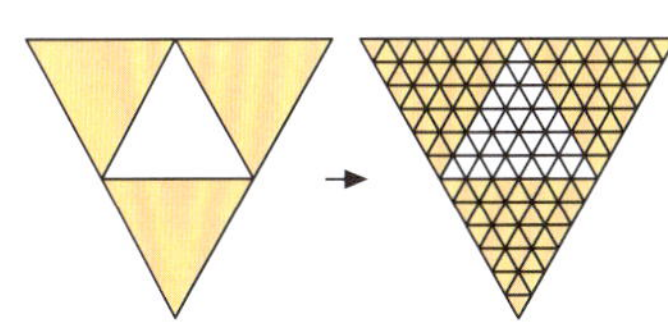

d) $\frac{4}{8} = \frac{1}{2}$

e) $\frac{33}{51} = \frac{11}{17}$

f) $\frac{2}{3} = \frac{18}{27}$

2 Kürze mit der angegebenen Zahl.

a) mit 4: $\frac{12}{64} = \frac{12:4}{64:4} = \frac{3}{16}$

b) mit 3: $\frac{39}{12} =$

c) mit 5: $\frac{75}{50} =$

d) mit 2: $\frac{18}{26} =$

e) mit 8: $\frac{256}{152} =$

f) mit 7: $\frac{49}{84} =$

3 Erweitere die Brüche.

a) mit 5: $\frac{3}{8} = \frac{3 \cdot 5}{8 \cdot 5} = \frac{15}{40}$

b) mit 4: $\frac{2}{3} =$

c) mit 13: $\frac{5}{7} =$

d) mit 3: $\frac{1}{5} =$

e) mit 6: $\frac{13}{16} =$

f) mit 2: $\frac{10}{36} =$

4 Veranschauliche das Erweitern und vervollständige.

a) Erweitere $\frac{1}{2}$ mit 3: $\frac{1}{2} = \frac{3}{6}$

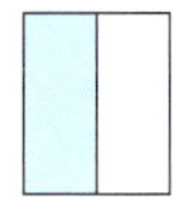 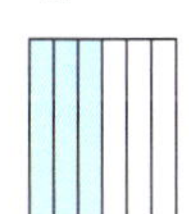

b) Erweitere $\frac{1}{3}$ mit 2: $\frac{1}{3} =$

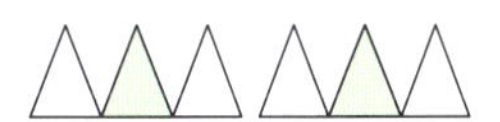

c) Erweitere $\frac{1}{2}$ mit 4: $\frac{1}{2} =$

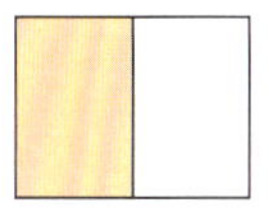 

d) Erweitere $\frac{1}{3}$ mit 5: $\frac{1}{3} =$

5 Veranschauliche das Kürzen und vervollständige.

a) Kürze mit 2: $\frac{4}{10} = \frac{2}{5}$

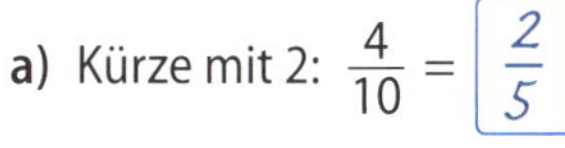

b) Kürze mit 2: $\frac{4}{8} =$

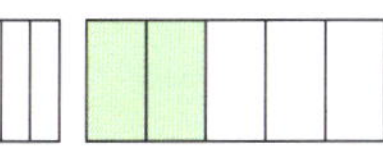 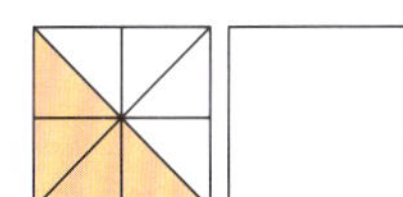

c) Kürze mit 3: $\frac{6}{12} =$

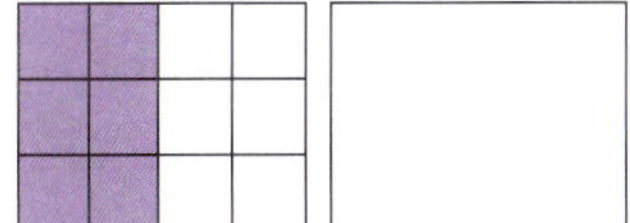

➲ *Schülerbuch Seite 208*

I. Teiler und Vielfache bestimmen

1 Wahr oder falsch? Kreuze an.

	wahr	falsch
3 ist ein Teiler von 36.	☐	☐
8 ist ein Teiler von 18.	☐	☐
25 ist ein Vielfaches von 5.	☐	☐
66 ist ein Vielfaches von 4.	☐	☐
4 ist ein Teiler von 24.	☐	☐
40 ist ein Vielfaches von 11.	☐	☐

2 Ordne die Zahlenmengen richtig zu und verbinde.

{1; 3; 9; 27} {1; 11; 121} {9; 18; 27; 36; …}

{13; 26; 39; 52; …} {1; 11} {3; 6; 9; 12; …}

T_{11} T_{27} V_9 V_3 V_{13} T_{121}

II. Teilbarkeitsregeln anwenden

3 Kreuze an, welche der folgenden Zahlen durch 2 teilbar sind.

☐ 31 ☐ 86 ☐ 1112 ☐ 244 ☐ 678 ☐ 1135

4 Kreuze an, welche der folgenden Zahlen durch 5 teilbar sind.

☐ 25 ☐ 90 ☐ 113 ☐ 235 ☐ 551 ☐ 1005

5 Wahr oder falsch? Kreuze an.

a) Jede Zahl, die durch 9 teilbar ist, ist auch durch 3 teilbar. ☐ wahr ☐ falsch

b) Jede Zahl, die durch 3 teilbar ist, ist auch durch 9 teilbar. ☐ wahr ☐ falsch

c) Es gibt Zahlen, die durch 3 und durch 5 teilbar sind. ☐ wahr ☐ falsch

d) 3 teilt 6, also teilt 3 auch alle Vielfachen von 6. ☐ wahr ☐ falsch

III. Besondere Teiler und Vielfache bestimmen

6 Welche Zahl ist eine Primzahl? Kreise die Primzahlen ein.

a) 17 3 25 1 103 5 **b)** 256 147 13 31 99 2

7 Vervollständige die Primfaktorzerlegung und bestimme so …

a) das kgV (60; 135).

60 = ______

135 = ______

kgV (60; 135) = ______

b) den ggT (45; 175).

45 = ______

175 = ______

ggT (45; 175) = ______

IV. Anteile auf verschiedene Arten bestimmen

8 Gib den Anteil der Figuren an, der jeweils gefärbt und der nicht gefärbt wurde.

a)

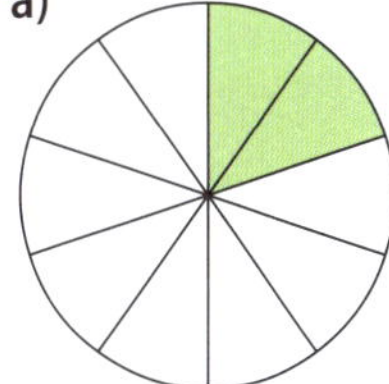

b)

c)

9 Gib jeweils an, wie viel ein Kind bekommt, wenn …

a) zehn Kinder fünf Äpfel gerecht verteilen.

b) acht Kinder sechs Kuchenstücke gleichmäßig verteilen.

c) vier Kinder drei Pizzas gleichmäßig verteilen.

Teil	Ich kann bei einfachen Aufgaben …	Aufgaben	Kreuze an.		
			0–2	3–4	5–6
I.	Teiler und Vielfache bestimmen.	1, 2	☹	😐	☺
II.	Teilbarkeitsregeln anwenden.	3, 4, 5	☹	😐	☺
III.	besondere Teiler und Vielfache bestimmen.	6, 7	☹	😐	☺
IV.	Anteile auf verschiedene Arten bestimmen.	8, 9	☹	😐	☺

	Ich kann im Bereich „Natürliche Zahlen“ …	Seite	Kreuze an.		
I.	natürliche Zahlen erkennen und veranschaulichen.	1, 2	☺	😐	☹
II.	natürliche Zahlen im Zehnersystem erkennen und beurteilen.	3, 4, 5	☺	😐	☹
III.	natürliche Zahlen der Größe nach ordnen.	6	☺	😐	☹
IV.	natürliche Zahlen runden.	7, 8	☺	😐	☹

	Ich kann im Bereich „Rechnen mit natürlichen Zahlen“ …	Seite	Kreuze an.		
I.	natürliche Zahlen addieren und subtrahieren.	1, 2	☺	😐	☹
II.	natürliche Zahlen multiplizieren, potenzieren, dividieren.	3, 4, 5	☺	😐	☹
III.	Rechengesetze anwenden.	6, 7, 8	☺	😐	☹

	Ich kann im Bereich „Geometrische Grundbegriffe“ …	Seite	Kreuze an.		
I.	orthogonale und parallele Geraden und Strecken zeichnen.	1	☺	😐	☹
II.	Abstände bestimmen.	2	☺	😐	☹
III.	Figuren in ein Koordinatensystem zeichnen.	3, 4	☺	😐	☹
IV.	Vierecke in der Ebene unterscheiden und zeichnen.	5, 6	☺	😐	☹

	Ich kann im Bereich „Rechnen mit Größen“ …	Seite	Kreuze an.		
I.	Längen in verschiedenen Einheiten angeben.	1, 2	☺	😐	☹
II.	Massen in verschiedenen Einheiten angeben.	3, 4	☺	😐	☹
III.	Zeitangaben und Geldbeträge darstellen.	5, 6, 7	☺	😐	☹
IV.	mit Maßstäben umgehen.	8, 9	☺	😐	☹

	Ich kann im Bereich „Umfang und Flächeninhalt von Figuren“ …	Seite	Kreuze an.		
I.	Umfänge bestimmen.	1, 2	☺	😐	☹
II.	Flächen messen und Flächeneinheiten umwandeln.	3, 4, 5	☺	😐	☹
III.	Umfänge und Flächeninhalte von Rechteck und Quadrat berechnen.	6	☺	😐	☹
IV.	Flächeninhalte weiterer Figuren bestimmen.	7, 8	☺	😐	☹

	Ich kann im Bereich „Teile und Anteile“ …	Seite	Kreuze an.		
I.	Teiler und Vielfache bestimmen.	1, 2	☺	😐	☹
II.	Teilbarkeitsregeln anwenden.	3, 4, 5	☺	😐	☹
III.	besondere Teiler und Vielfache bestimmen.	6, 7	☺	😐	☹
IV.	Anteile auf verschiedene Arten bestimmen.	8, 9	☺	😐	☹

AdobeStock / Artalis Kartographie – S. 46; - / Antje Lindert-Rottke – S. 7; dpa Picture-Alliance / augenclick, firo Sportfoto – S. 41; Fotolia / Otto Durst – S. 40; - / Fatman73 – S. 6; - / Gorilla – S. 19; - / Juna – S. 63; - / Bruce McQueen – S. 45; - / melanieleleu – S. 20; - / MM – S. 39; - / Mr. Sister – S. 21; - / Inga Nielsen – S. 6; - / Nakita – S. 6; - / Claudia Paulussen – S. 21; - / Barbara Pheby – S. 6; - / piccaya – S. 11; - / Quade – S. 6; - / Skogas – S. 42; - / Thaut Images – S. 39; - / John Tomaseli – S. 39; - / Turi – S. 11; - / Felix von Vietsch – S. 43; Getty Images Plus / Creatas – S. 49; - / Fuse – S. 21 (2); - / Hemera, Sergey Volkov – S. 36; - / iStockphoto, AntGor – S. 37; - / iStockphoto, Bigandt Photography – S. 49; - / iStockphoto, Bilanol – S. 37; - / iStockphoto, claudiodivizia – S. 7; - / iStockphoto, ddukang – S. 36; - / iStockphoto, defun – S. 49; - / iStockphoto, demypic – S. 36, 37; - / iStockphoto, Editorial Aneese – S. 37; - / iStockphoto, nonillion – S. 36, 37; - / iStockphoto, Andy Nowack – S. 37; - / iStockphoto, odluap – S. 7; - / iStockphoto, paulbranding – S. 37; - / iStockphoto, p-ponomareva – S. 37; - / iStockphoto, prill – S. 36; - / iStockphoto, Tijana87 – Cover; - / Photodisc – S. 36, 37; Hymer Pressefoto / Rolf Nachbar Fotografie, Bad Waldsee – S. 16; Mauritius Images / Hans Blossey – S. 7; - / imageBROKER, Thomas Robbin – S. 7; pixelio.de / © 2009, Hans-Peter Häge – S. 45; pixelio.de / Kurt Bouda – S. 45; pixelio.de / Kurt D. Domnik – S. 45; pixelio.de / Re.KO – S. 45; www.vw.de – S. 39.

I. Zahlen in eine Stellenwerttafel eintragen

1 Trage die Zahlen in die Stellenwerttafel ein. Beachte:
- Die Stellenwerttafel ist von rechts nach links nach aufsteigenden Stellen aufgebaut: Einer (E), Zehner (Z), Hunderter (H), Tausender (T), …
- Die Ziffern einer Zahl werden ihren Stellenwerten entsprechend in die Stellenwerttafel eingetragen.

a) 4765 **b)** 2009 **c)** 84 021 **d)** sechshundertsiebenundzwanzig
e) neunundsechzigtausendneunundachtzig **f)** eintausendvierhundertelf

	ZT	T	H	Z	E
a)		4	7	6	5
b)		2	0	0	9
c)	8	4	0	2	1
d)			6	2	7
e)	6	9	0	8	9
f)		1	4	1	1

II. Zahlen am Zahlenstrahl eintragen und ablesen

2 Trage die Zahlen am Zahlenstrahl ein. Beachte:
- Die Zahlen sind am Zahlenstrahl von links nach rechts aufsteigend angeordnet.
- Finde heraus, welchen Abstand zwei große und zwei kleine Striche haben.

1 850; 270; 410; 660   2 190; 1050; 20; 530

20 190 270 410 530 660 850 1050

0 100 200 300 400 500 600 700 800 900 1000 1100

3 Lies die markierten Zahlen am Zahlenstrahl ab.

b f c a e d

0 10 20 30 40 50 60 70 80

1 a: 40 b: 5 c: 25   2 d: 75 e: 53 f: 21

4 Schätze, welche Zahlen auf dem Zahlenstrahl markiert sind.

d a f e b c

0 500 1000

1 a: 250 b: 700 c: 920   2 d: 120 e: 550 f: 440

III. Zahlen ordnen

- Zahlen können in aufsteigender Reihenfolge geordnet werden. Beginne mit der kleinsten Zahl. Suche danach die nächstgrößere Zahl und fahre in derselben Weise fort.
- Zahlen können in absteigender Reihenfolge geordnet werden. Beginne mit der größten Zahl. Suche danach die nächstkleinere Zahl und fahre in derselben Weise fort.

5 **a)** Ordne die Zahlen in aufsteigender Reihenfolge. 2511; 34; 866; 2412; 29; 617; 10 030; 31; 399

29; 31; 34; 399; 617; 866; 2412; 2511; 10 030

b) Ordne die Zahlen in absteigender Reihenfolge. 63; 102; 480; 14; 73 100; 479; 58; 0; 7100

73 100; 7100; 480; 479; 102; 63; 58; 14; 0

6 Die Schülerinnen und Schüler der Klasse 5a untersuchen, wie schwer ihre Schultaschen sind. Sie haben ihre Schultaschen gewogen und die Ergebnisse (in Gramm) aufgeschrieben.

Max	Tarek	Matthias	Antonie	Anna	Eva
7214	5685	8105	7325	5096	4775
Luca	**Susanne**	**Maike**	**Anuthida**	**Anna-Maria**	**Justin**
5222	4863	5217	4433	5010	7328
Aylin	**Marie**	**Sabrina**	**Kilian**	**Faris**	**Michail**
7275	8211	9199	3966	4601	8108

a) Ordne das Gewicht der Schultaschen in aufsteigender Reihenfolge.

3966 | 4433 | 4601 | 4775 | 4863 | 5010
5096 | 5217 | 5222 | 5685 | 7214 | 7275
7325 | 7328 | 8105 | 8108 | 8211 | 9199

b) Gib an, wer die leichteste (schwerste) Schultasche hat.

Die leichteste Tasche hat Kilian.

Die schwerste Tasche hat Sabrina.

Teil	Ich kann …	Aufgaben	Kreuze an. 0–2	3–4	5–6
I.	Zahlen in eine Stellenwerttafel eintragen.	1	☹	😐	☺
II.	Zahlen am Zahlenstrahl eintragen und ablesen.	2, 3, 4	☹	😐	☺
III.	Zahlen ordnen.	5, 6	☹	😐	☺

Sammeln und Veranschaulichen von natürlichen Zahlen

1 Untersuche die Farben der Autos auf dem Bild. Vervollständige dazu die Strichliste.

Insgesamt sind *41* Autos auf dem Bild zu sehen.

Farbe	Strichliste	Anzahl
Schwarz	𝍸 𝍸 ||	*12*
Rot	𝍸 𝍸 ||	*12*
Weiß	𝍸 |||	*8*
Grau	𝍸 ||||	*9*

2 In der Klasse 5c wurden folgende Noten erzielt: 4 Schüler haben die Note 1, 10 die Note 2, 4 die Note 3, 1 Schüler die Note 4, 3 Schüler die Note 5 und kein Schüler die Note 6. Vervollständige die Tabelle.

Noten	1	2	3	4	5	6	Gesamtzahl Schüler
Anzahl	*4*	*10*	*4*	*1*	*3*	*0*	*22*

3 In der Mensa kann zwischen mehreren Gerichten gewählt werden. Die Tabelle zeigt die Auswahl einer Klasse an einem Tag.

Suppe (S)

Fisch (F)

Vegetarisch (V)

Beilagensalat (B)

Nachtisch (N)

Name	Gericht	Name	Gericht
Chanel	F, B	Emilian	S, F, N
Lenja	S, V, B	Theresa	S, F, B, N
Joana	V, N	Jordan	S, V, B
Niklas	F, B, N	Mirja	S, B, N
Marie	V, B	Max	S, V
Jenny	F, B, N	Svenja	V, N
Jule	S, V, B	Emma	S, V
Kathi	F, B, N	Johanna	S, V, B
Rita	V, N	Sabine	F, N
Lizzi	S, B	Stefan	S, F, B, N
Yussuf	S, V, N	Mareike	F, B, N
Steffen	S, V, N	Gesa	F, B
Kira	V, B, N	Margit	F

a) Gib an, wie viele Portionen von jedem Gericht bestellt werden.

	Suppe (S)	Fisch (F)	Vegetarisch (V)	Beilagensalat (B)	Nachtisch (N)
Strichliste	𝍸 𝍸 |||	𝍸 𝍸 |	𝍸 𝍸 |||	𝍸 𝍸 𝍸 |	𝍸 𝍸 𝍸
Anzahl	*13*	*11*	*13*	*16*	*15*

b) Die Mensa berechnet für eine Suppe 50 ct, Fisch und vegetarisches Gericht je 2 €, Beilagensalat 1 € und Nachtisch 80 ct. Berechne, wie viel Geld in der Klasse eingesammelt werden muss.

13 · 50 ct = 650 ct = 6 € 50 ct
24 · 2 € = 48 €
16 · 1 € = 16 €
15 · 80 ct = 1200 ct = 12 €

6 € 50 ct + 48 € + 16 € + 12 €
= 82 € 50 ct

Antwort: *Es müssen 82 € und 50 ct eingesammelt werden.*

Sammeln und Veranschaulichen von natürlichen Zahlen

4 Bei einer Umfrage nach der Lieblingssportart in der Klasse 5b ergaben sich folgende Ergebnisse: Für Handball (H) stimmten drei, für Fußball (F) neun, für Leichtathletik (L) acht, für Turnen (T) fünf und für sonstige Sportarten (S) ebenfalls fünf Schüler.

a) Trage die Ergebnisse in die Tabelle ein.

Lieblingssportart	H	F	L	T	S
Anzahl der Schüler	*3*	*9*	*8*	*5*	*5*

b) Stelle die Ergebnisse in einem Säulendiagramm dar.

c) Entscheide, welche Aussagen wahr (w) bzw. falsch (f) sind. Lässt sich keine Aussage machen, kreuze ? an.

w	f	?	
x			Fußball ist die beliebteste Sportart.
		x	Mehr Jungen als Mädchen spielen Fußball.
	x		Handball und Turnen sind zusammen genauso beliebt wie Turnen und Leichtathletik.
		x	Es gibt keinen Schüler, der mehr als eine Sportart ausübt.
x			In der Klasse sind 30 Schüler.
x			Unter „Sonstiges“ verbergen sich mindestens zwei verschiedene Sportarten.
	x		Turnen ist die am wenigsten beliebte Sportart.

5 Die Bauwerke haben in etwa die angegebenen Höhen. Vervollständige das Säulendiagrammm.

ARAG-Tower Düsseldorf 120 m; Bilsteinturm Marsberg 30 m; Florianturm Dortmund 210 m; Herrmannsdenkmal Detmold 50 m; Kölner Dom 160 m

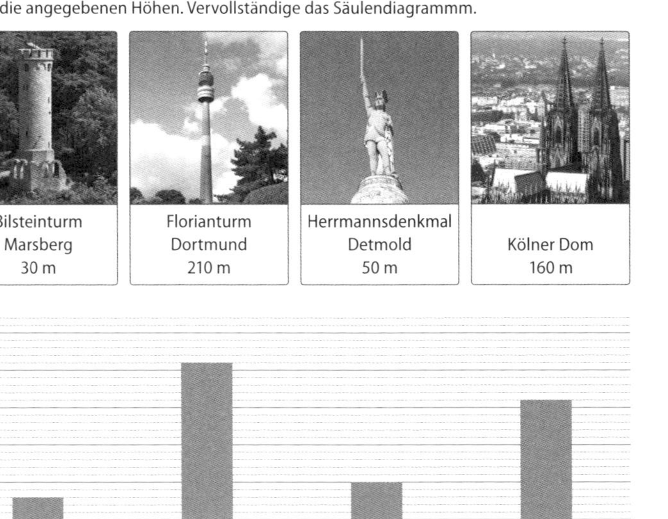

Darstellen von natürlichen Zahlen – das Zehnersystem

1 Trage die fehlenden Zahlen in die Tabelle ein.

Vorgänger	255	8472	2215	18 749	324 741	164 874	246 898
Zahl	256	8473	2216	18 750	324 742	164 875	246 899
Nachfolger	257	8474	2217	18 751	324 743	164 876	246 900

2 Trage die folgenden Zahlen in die Stellenwerttafel ein.

Zahl	Milliarden			Millionen			HT	ZT	T	H	Z	E
1 4935									4	9	3	5
2 14 874								1	4	8	7	4
3 117 480 127 642	1	1	7	4	8	0	1	2	7	6	4	2
4 14 587 124					1	4	5	8	7	1	2	4
5 4 945 684 135			4	9	4	5	6	8	4	1	3	5

3 Ordne die in Worten geschriebenen Zahlen richtig zu.

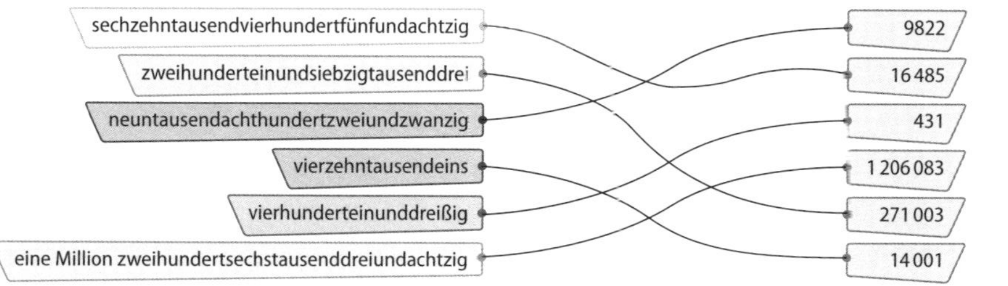

4 Notiere die Zahlen in Worten.

a) 567: fünfhundertsiebenundsechzig

b) 2198: zweitausendeinhundertachtundneunzig

c) 620 067: sechshundertzwanzigtausendsiebenundsechzig

d) 5 400 250: fünf Millionen vierhunderttausendzweihundertfünfzig

5 Notiere die Zahlen als Additionsaufgabe mit den Stellenwerten.

a) 5691 = 5 T + 6 H + 9 Z + 1 E

b) 53 014 = 5 ZT + 3 T + 1 Z + 4 E

c) 80 012 = 8 ZT + 1 Z + 2 E

d) 202 907 = 2 HT + 2 T + 9 H + 7 E

e) 540 094 = 5 HT + 4 ZT + 9 Z + 4 E

f) 14 000 890 = 1 ZM + 4 M + 8 H + 9 Z

➲ Schülerbuch Seite 16

Ordnen von natürlichen Zahlen

1 Notiere die Zahlen an den markierten Stellen.

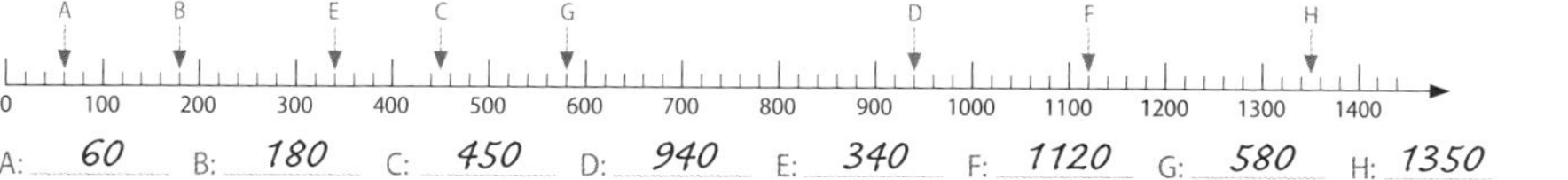

A: 60 B: 180 C: 450 D: 940 E: 340 F: 1120 G: 580 H: 1350

2 Trage die Zahlen am Zahlenstrahl an. Es ergibt sich in der Reihenfolge der Zahlen ein Lösungswort.

a) C: 12 E: 88 E: 116 F: 57 H: 21 I: 102 L: 45 N: 126 R: 92 S: 8 U: 42

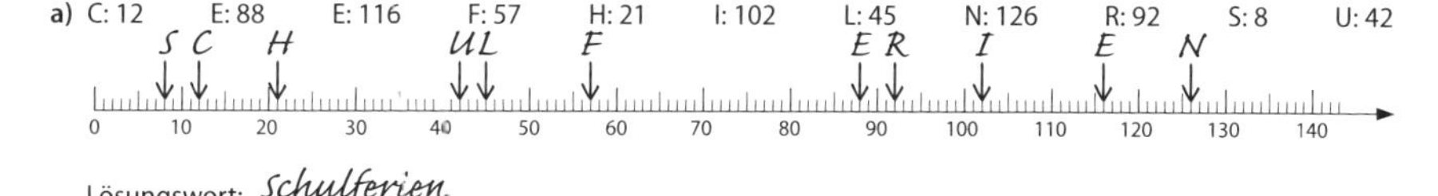

Lösungswort: Schulferien

b) A: 970 B: 820 C: 180 D: 1040 H: 240 I: 540 M: 610 M: 660 S: 60 W: 300

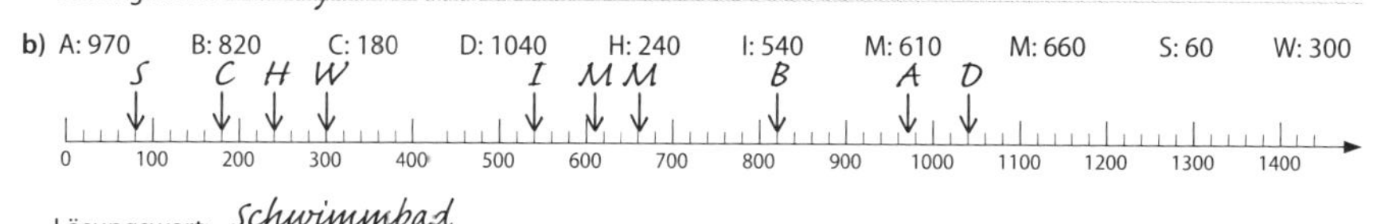

Lösungswort: Schwimmbad

3 Ordne die Zahlen der Größe nach.

a) 229 321 312 292 299 301 297 397

229 < 292 < 297 < 299 < 301 < 312 < 321 < 397

b) 3030 3330 3033 3003 3333 3233 3399

3399 > 3333 > 3330 > 3233 > 3033 > 3030 > 3003

4 Setze die Zeichen <, > oder = für den Platzhalter ein. ▮ steht für eine beliebige Ziffer.

a)	b)	c)	d)
64 < 73	142 > 132	1012 < 2013	10▮ < 11▮
77 > 42	263 < 266	999 > 864	1▮51 < 2▮51
49 = 49	387 < 399	1295 < 2698	11 08▮ < ▮1 099
89 < 98	999 > 864	9999 > 1000	4▮▮▮ > 3▮▮▮

5 Setze die Zahlenreihe fort. Gib die Vorschrift an, mit der die Reihe fortgesetzt wird.

								Vorschrift
a)	65	76	87	98	109	120	131	+11
b)	184	162	140	118	96	74	52	−22
c)	25	30	28	33	31	36	34	+5 → −2
d)	3	9	5	15	11	33	29	·3 → −4

➲ Schülerbuch Seite 20

1 Runde die Zahl 285 409 273 jeweils auf die angegebene Stelle.

Stelle	gerundet
Z	*285 409 270*
H	*285 409 300*
T	*285 409 000*
ZT	*285 410 000*
HT	*285 400 000*
M	*285 000 000*
ZM	*290 000 000*
HM	*300 000 000*

2 Runde die folgenden Zahlen auf Zehner, Hunderter und Tausender.

	Zahl	gerundet auf		
		Zehner	Hunderter	Tausender
1	**3 962**	*3960*	*4000*	*4000*
2	**8 421**	*8420*	*8400*	*8000*
3	**10 479**	*10 480*	*10 500*	*10 000*
4	**66 999**	*67 000*	*67 000*	*67 000*
5	**154 761**	*154 760*	*154 800*	*155 000*
6	**228 465**	*228 470*	*228 500*	*228 000*

3 Gib jeweils alle Ziffern an, die du in die Leerstelle ▯ einsetzen kannst.

1	679▯ ≈ 6790	*0, 1, 2, 3, 4*
2	5▯5 ≈ 500	*0, 1, 2, 3, 4*
3	7▯35 ≈ 8000	*5, 6, 7, 8, 9*
4	315▯2 ≈ 31 600	*5, 6, 7, 8, 9*
5	59▯54 ≈ 60 000	*5, 6, 7, 8, 9*
6	4▯9895 ≈ 400 000	*0, 1, 2, 3, 4*
7	7▯1234 ≈ 800 000	*5, 6, 7, 8, 9*
8	499▯31 ≈ 500 000	*5, 6, 7, 8, 9*

4 Folgende Einwohnerzahlen sind auf die in Klammern angegebene Stelle gerundet.
Gib die kleinste und die größte Zahl an, zwischen denen die tatsächliche Einwohnerzahl liegt.

	Gütersloh	Bonn	Nordrhein-Westfalen
gerundete Zahl	97 000 (T)	300 000 (HT)	18 000 000 (Mio)
kleinste mögliche Zahl	*96 500*	*250 000*	*17 500 000*
größte mögliche Zahl	*97 499*	*349 999*	*18 499 999*

5 Lege ein geeignetes Raster über die Bilder und schätze möglichst genau

a) die Anzahl der Menschen.

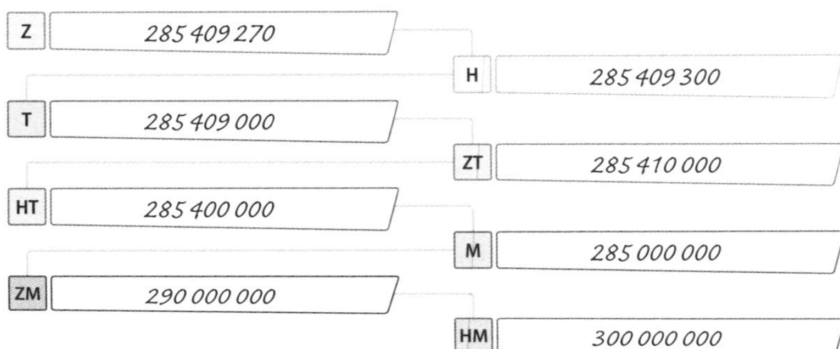

Schätzung: *≈ 12 · 8 = 96 Personen*

b) die Anzahl der Kartoffeln.

Schätzung: *≈ 12 · 20 = 240 Kartoffeln*

6 Schätze, wie viele Bretter auf dem Bild zu sehen sind. Beschreibe dein Vorgehen.

Schätzung: *ca. 152 Bretter*

Vorgehen: *Ich bestimme, wie viele Bretter etwa in einer Schicht liegen (8) und ermittle, wie viele Schichten sichtbar sind (19).*

7 Die Abbildung zeigt einen Größenvergleich zwischen einem Menschen, einer Giraffe und einem Dinosaurier.
Ein Mensch ist etwa 170 cm groß.
Schätze möglichst genau die Größe der beiden Tiere.

Giraffe: *ca. 380 cm*

Dinosaurier: *ca. 760 cm*

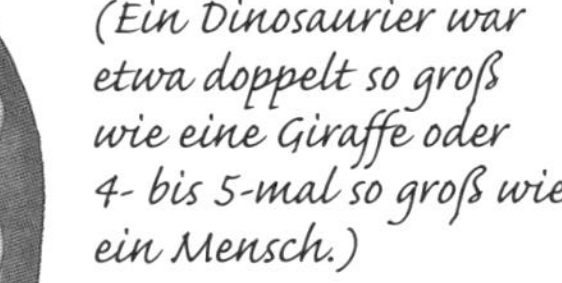

(Ein Dinosaurier war etwa doppelt so groß wie eine Giraffe oder 4- bis 5-mal so groß wie ein Mensch.)

(Eine Giraffe ist mehr als doppelt so groß wie ein Mensch.)

I. Natürliche Zahlen erkennen und veranschaulichen

1 An einer Schule wurden Schüler nach ihrer beliebtesten Sportart befragt.
Das Diagramm zeigt einen Ausschnitt des Ergebnisses. Vervollständige die Tabelle.

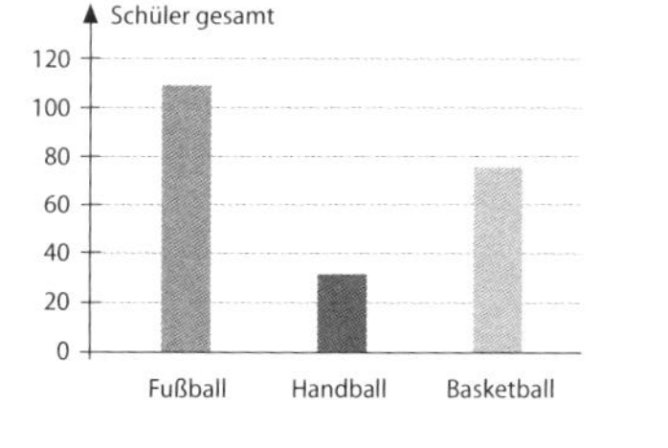

Sportart	Gesamt-nennung	davon Mädchen	davon Jungen
Fußball	*108*	16	*92*
Handball	*32*	*20*	12
Basketball	*76*	44	*32*

2 Das Diagramm zeigt das Ergebnis einer Umfrage in der Klasse 5a zu den Sportarten, die die Schüler nachmittags in einem Verein betreiben. Die Schüler durften dabei auch mehr als eine Antwort geben. Kreuze an, welche Aussagen sich anhand des Diagramms treffen lassen.

14
12
10
8
6
4
2
0
Fußball, Basketball, Leichtathletik, Schwimmen, Judo/Karate, Tanzen/Balett

- [x] Es spielen 12 Schüler der Klasse in einem Verein Fußball.
- [ ] Zählt man alle Anzahlen der Sportarten zusammen, dann kennt man die Anzahl der Schüler in der Klasse 5a.
- [x] Gleich hohe Säulen bedeuten, dass gleich viele Schüler diese Sportart in einem Verein betreiben.

II. Natürliche Zahlen im Zehnersystem erkennen und beurteilen

3 a) Bestimme die Zahl, die um 25 kleiner ist als 10 023. *9998*

b) Bestimme die Zahl, die um 17 größer ist als 905 995. *906 012*

c) Bestimme die Zahl, die um 250 kleiner ist als 110 000 125. *109 999 875*

4 Setze das richtige Zeichen <, > oder = ein.

a) 425 [>] 417 b) 1630 [<] 1650 c) 9999 [<] 10 000 d) 1 Million [=] 1 000 000

5 Kreuze die richtige Lösung an.

a) Wenn man bei einer 3-stelligen Zahl links die Ziffer 2 anfügt, dann …
- [ ] verdoppelt sich die Zahl.
- [ ] vergrößert sich die Zahl um 200.
- [x] vergrößert sich die Zahl um 2000.
- [ ] verändert sich die Zahl nicht.

b) Wenn man bei der Zahl 4579 die Ziffer der Tausenderstelle entfernt, dann …
- [ ] verringert sich die Zahl um 4.
- [x] verringert sich die Zahl um 4000.
- [ ] verändert sich die Zahl nicht.
- [ ] vergrößert sich die Zahl um 4000.

III. Natürliche Zahlen der Größe nach ordnen

6 a) Bestimme die größte fünfstellige Zahl.
9 9 9 9 9

b) Bestimme die größte fünfstellige Zahl aus verschiedenen Ziffern.
9 8 7 6 5

c) Vertausche die Ziffern der Einerstelle und Hunderterstelle miteinander. Kreuze an.

Zahl	Die Zahl ist nach dem Vertauschen der Ziffern …		
1 3456	[ ] kleiner geworden.	[x] größer geworden.	[ ] gleich groß geblieben.
2 13 460	[x] kleiner geworden.	[ ] größer geworden.	[ ] gleich groß geblieben.
3 240 404	[ ] kleiner geworden.	[ ] größer geworden.	[x] gleich groß geblieben.
4 48 758	[ ] kleiner geworden.	[x] größer geworden.	[ ] gleich groß geblieben.

IV. Natürliche Zahlen runden

7 Runde auf den angegebenen Stellenwert.

	Ausgangszahl	gerundet auf … Hunderter	Tausender	Hunderttausender
a)	627 835	*627 800*	*628 000*	*600 000*
b)	3 418 902	*3 418 900*	*3 419 000*	*3 400 000*

8 Gib jeweils alle Ziffern an, die du in die Leerstelle ▯ einsetzen kannst.

a)	359▯ ≈ 3590	*0, 1, 2, 3, 4*
b)	156▯5 ≈ 15 600	*0, 1, 2, 3, 4*
c)	28▯58 ≈ 29 000	*5, 6, 7, 8, 9*
d)	75▯76 ≈ 80 000	*0, 1, 2, 3, 4, 5, 6, 7, 8, 9*

Teil	Ich kann bei einfachen Aufgaben …	Aufgaben	Kreuze an. 0–2	3–4	5–6
I.	natürliche Zahlen erkennen und veranschaulichen.	1, 2	☹	😐	☺
II.	natürliche Zahlen im Zehnersystem erkennen und beurteilen.	3, 4, 5	☹	😐	☺
III.	natürliche Zahlen der Größe nach ordnen.	6	☹	😐	☺
IV.	natürliche Zahlen runden.	7, 8	☹	😐	☺

I. Das 1x1 aufzählen und berechnen

1 Kreuze alle Vielfachen von 4 in rot, alle Vielfachen von 6 in blau und alle Vielfachen von 7 in grün an.

1	2	3	4	5	6	7	8	9	10
11	12	13	14	15	16	17	18	19	20
21	22	23	24	25	26	27	28	29	30
31	32	33	34	35	36	37	38	39	40
41	42	43	44	45	46	47	48	49	50
51	52	53	54	55	56	57	58	59	60
61	62	63	64	65	66	67	68	69	70
71	72	73	74	75	76	77	78	79	80
81	82	83	84	85	86	87	88	89	90
91	92	93	94	95	96	97	98	99	100

2 Vervollständige die Rechenhäuser.

· 8	
4	32
9	72
12	96
19	152

· 15	
6	90
11	165
9	135
15	225

3 Nutze das 1x1 und berechne im Kopf.

Beispiele

1 26 · 8 = ?
Lösungsmöglichkeit: 1. Schritt: 20 · 8 = 160
2. Schritt: 6 · 8 = 48
3. Schritt: 26 · 8 = 208

2 126 : 3 = ?
Lösungsmöglichkeit: 1. Schritt: 120 : 3 = 40
2. Schritt: 6 : 3 = 2
3. Schritt: 126 : 3 = 42

3 0 · 12 = 0
Lösungsmöglichkeit: 25 · 0 = 0

4 0 : 15 = 0
Lösungsmöglichkeit: 8 : 0 geht nicht

a) 12 · 5 = 60 b) 6 · 88 = 528 c) 101 · 0 = 0 d) 76 : 4 = 19

II. Halbschriftlich multiplizieren und dividieren

4 Multipliziere halbschriftlich.

a) 6 · 57 =
6 · 50 = 300
6 · 7 = 42
6 · 57 = 342

b) 7 · 234 =
7 · 200 = 1400
7 · 30 = 210
7 · 4 = 28
7 · 234 = 1638

5 Dividiere halbschriftlich.

a) 1312 : 8 =
800 : 8 = 100
480 : 8 = 60
32 : 8 = 4
1312 : 8 = 164

b) 2761 : 11 =
2200 : 11 = 200
500 : 11 = 50
11 : 11 = 1
2761 : 11 = 251

6 Berechne halbschriftlich.

a) 15 · 245 =
15 · 200 = 3000
15 · 40 = 600
15 · 5 = 75
15 · 245 = 3675

b) 1536 : 12 =
1200 : 12 = 100
300 : 12 = 25
36 : 12 = 3
1536 : 12 = 128

III. Sachaufgaben lösen

7 Gib an, welche Angaben in der folgenden Aufgabe überflüssig sind, und löse dann die Aufgabe.

Hanna bastelt einen Wandschmuck für ihr Kinderzimmer, den sie über ihrem 180 cm langen Bett anbringen möchte. Sie kauft dafür ein 80 cm langes rotes und ein 60 cm langes grünes Geschenkband für je 2,40 €. Dann zerschneidet sie beide Bänder in 5 cm lange Teile. Ermittle, wie viele rote und wie viele grüne Teile sie erhält.

Überflüssige Angaben: *Länge des Betts (180 cm), Preis (2,40 €)*

Rechnung:
80 cm : 5 cm = 16 60 cm : 5 cm = 12

Antwort: *Sie erhält 16 rote und 12 grüne Teile.*

Teil	Ich kann …	Aufgaben	Kreuze an. 0–2	3–4	5–6
I.	das 1x1 aufzählen und berechnen.	1, 2, 3	☹	😐	☺
II.	Halbschriftlich multiplizieren und dividieren.	4, 5, 6	☹	😐	☺
III.	Sachaufgaben lösen.	7	☹	😐	☺

Schriftliches Addieren von natürlichen Zahlen

1 Addiere schriftlich.

a)	b)	c)	d)	e)
3489	8494	7492	6596	697
+ 5294	+ 658	+ 99	+ 4355	+ 555
+ 65	+ 9842	+ 3567	+ 799	+ 9096
8848	18 994	11 158	11 750	10 348

2 Vervollständige die Zahlenmauer.

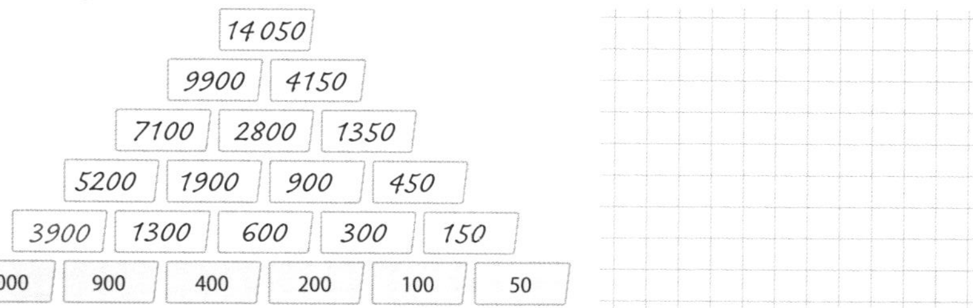

3 Bei der letzten Schulsprecherwahl erhielt Anna 521 Stimmen, Ben 405, für Alexander wurden 116 Stimmen gezählt und auf Sarah entfielen 324. Berechne, wie viele Schülerinnen und Schüler insgesamt gewählt haben, wenn jeder nur eine Stimme abgeben konnte.

```
  521
  405
  116
+ 324
    1
 1366
```

Antwort: Insgesamt haben sich *1366* Schülerinnen und Schüler an der Wahl beteiligt.

4 Familie Neis hat in den Sommerferien eine Reise durch Nordrhein-Westfalen mit dem Wohnmobil gemacht. Hier siehst du die Reisenotizen.
Bestimme die Strecke, die Familie Neis insgesamt zurückgelegt hat.

Aachen → Kleve		159 km
Kleve → Gronau		93 km
Gronau → Halle (Westf.)		136 km
Halle (Westf.) → Minden		76 km
Minden → Winterberg		158 km
Winterberg → Gummersbach		104 km
Gummersbach → Aachen		129 km
		855 km

Antwort: Familie Neis hat *855 km* zurückgelegt.

5 Ergänze die fehlenden Ziffern.

a) 6 5 [2] 7 3 + [2] [2] 8 6 [2] = 8 8 1 [3] 5

b) 3 [7] 4 [7] 3 + 4 3 [7] 7 2 = [7] 5 1 8 [5]

c) 5 6 [9] 1 [2] + [2] 2 2 [8] 7 = 7 [9] 1 9 9

Schülerbuch Seite 40

Schriftliches Subtrahieren von natürlichen Zahlen

1 Vervollständige die Zahlenmauer.

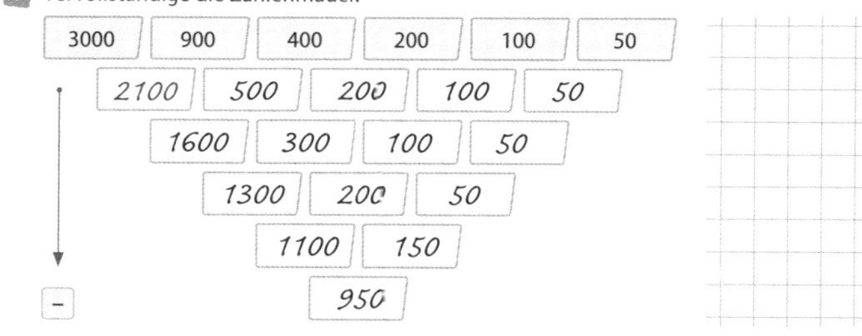

2 Subtrahiere schriftlich.

a)	b)	c)	d)	e)
4287	9647	12475	3247	96544
− 862	− 324	− 3465	− 224	− 13455
− 1267	− 7894	− 478	− 247	− 4972
2158	1429	8532	2776	78 117

3 a) Durch Addition oder Subtrakion erhält man immer die Zahl im Dach. Ergänze.

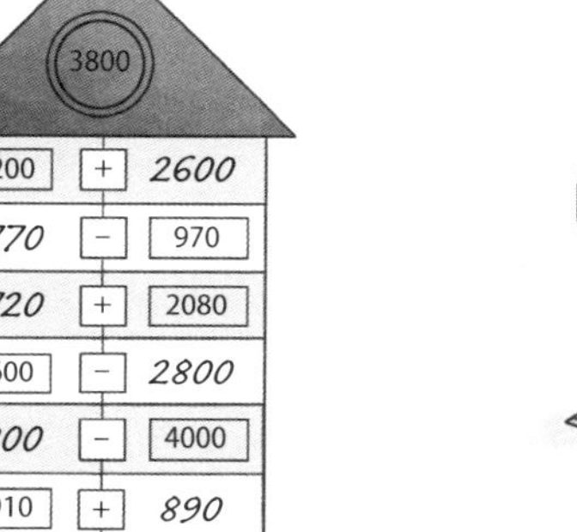

b) Berechne das Ergebnis der Rechenkette und trage es in das Feld ein.

250 −70 −60 +15 −65 +130 −50 −85 +345 −93 −104 +44 +93 −50 +830 −192 +55 +117 = *1110*

4 Ergänze die fehlenden Ziffern.

a) 9 8 4 [7] 3 5 − 7 [3] 5 8 [2] = [9] [1] 1 1 [5] 3

b) 6 8 5 7 2 − 4 [4] 3 [3] 1 = [2] 4 [2] 4 [1]

c) 8 6 [6] 7 [0] − [3] 2 2 [1] 2 = 5 [4] 4 5 8

d) 4 [7] 7 4 − 3 5 8 [1] = [1] 1 [9] 3

e) 7 0 [0] [7] [7] 0 − 5 [4] 0 0 9 3 = [1] 6 0 6 7 7

f) 8 9 2 7 5 3 − [4] [9] [1] [8] [4] [9] = 4 0 0 9 0 4

Schülerbuch Seite 44

Schriftliches Multiplizieren von natürlichen Zahlen

1 Multipliziere im Kopf.

a) 23 · 2 = 46
54 · 2 = 108
121 · 2 = 242

b) 21 · 3 = 63
42 · 3 = 126
142 · 3 = 426

c) 4 · 32 · 2 = 256
3 · 12 · 4 = 144
1 · 92 · 11 = 1012

d) 300 · 50 · 4 = 60 000
100 · 78 · 5 = 39 000
125 · 8 · 40 = 40 000

2 Ersetze die Summe durch ein Produkt und berechne im Kopf.

a) 13 + 13 + 13 + 13 + 13 + 13 = 6 · 13 = 78
b) 21 + 21 + 21 + 21 + 21 = 5 · 21 = 105
c) 4 + 4 + 4 + 4 + 4 + 4 + 4 + 4 + 4 + 4 = 10 · 4 = 40
d) 125 + 125 + 125 + 125 = 4 · 125 = 500
e) 240 + 240 + 240 + 240 = 4 · 240 = 960
f) 169 + 169 + 169 = 3 · 169 = 507

3 Ersetze das Produkt durch eine Summe und berechne anschließend im Kopf.

a) 6 · 54 = 54 + 54 + 54 + 54 + 54 + 54 = 324
b) 4 · 32 = 32 + 32 + 32 + 32 = 128
c) 5 · 12 = 12 + 12 + 12 + 12 + 12 = 60
d) 8 · 7 = 8 + 8 + 8 + 8 + 8 + 8 + 8 = 56
e) 4 · 15 = 15 + 15 + 15 + 15 = 60
f) 3 · 302 = 302 + 302 + 302 = 906

4 Fülle die Tabellen aus.

a)

·	10	100	1000
8020	80 200	802 000	8 020 000
923	9230	92 300	923 000
6431	64 310	643 100	6 431 000
4693	46 930	469 300	4 693 000

b)

·	10	100	1000
1256	12 560	125 600	1 256 000
236	2360	23 600	236 000
123	1230	12 300	123 000
3210	32 100	321 000	3 210 000

5 Ergänze die fehlenden Angaben der Rechenbäume.

a) 242 · 21 = 5082; 5082 · 11 = 55 902

```
242 · 21
    4840
+    242
     1
    5082

5082 · 11
   50820
+   5082
     1
   55902
```

b) 127 · 32 = 4064; 4064 · 27 = 109 728

```
127 · 32
    3810
+    254
     1
    4064

4064 · 27
   81280
+  28448
  1  1
  109728
```

Schriftliches Dividieren von natürlichen Zahlen

1 Dividiere im Kopf.

a) 24 : 2 = 12
36 : 9 = 4
18 : 18 = 1

b) 144 : 12 = 12
200 : 20 = 10
120 : 8 = 15

c) 100 : 5 : 2 = 10
125 : 25 : 5 = 1
117 : 3 : 13 = 3

2 Fülle die Tabellen aus.

a)

:	2	8	4	9
64	32	8	16	7 R 1
72	36	9	18	8
216	108	27	54	24
320	160	40	80	35 R 5

b)

:	2	3	9
18	9	6	2
108	54	36	12
303	151 R 1	101	33 R 6
1000	500	333 R 1	111 R 1

3 Berechne schriftlich.

```
a) 1998 : 18 = 111
  -18
    19
   -18
     18
    -18
      0

b) 5784 : 24 = 241
  -48
    98
   -96
    24
   -24
     0
```

4 Familie Rademacher hat bei ihrem 14-tägigen Sommerurlaub 2030 km mit dem Wohnwagen durch Deutschland zurückgelegt. Gib an, wie viele Kilometer sie täglich im Schnitt gefahren sind.

```
2030 : 14 = 145
-14
  63
 -56
   70
  -70
    0
```

Antwort: Familie Rademacher ist täglich im Schnitt 145 km gefahren.

5 a) Berechne den Quotienten aus 945 und 25.

945 : 25 = 37 R 20

b) Berechne: Der Divisor heißt 18, der Dividend 810.

810 : 18 = 45

Potenzieren von natürlichen Zahlen

1 Schreibe als Potenz und berechne.

a) $3 \cdot 3 \cdot 3 \cdot 3 \cdot 3 \cdot 3 =$ *3^6* $=$ *729*

b) $10 \cdot 10 \cdot 10 \cdot 10 =$ *10^4* $=$ *10 000*

c) $5 \cdot 5 \cdot 5 \cdot 5 \cdot 5 =$ *5^5* $=$ *3125*

d) $8 \cdot 8 \cdot 8 \cdot 8 \cdot 8 \cdot 8 =$ *8^6* $=$ *262 144*

2 Schreibe als Produkt und berechne.

a) $2^6 =$ *$2 \cdot 2 \cdot 2 \cdot 2 \cdot 2 \cdot 2$* $=$ *64*

b) $9^4 =$ *$9 \cdot 9 \cdot 9 \cdot 9$* $=$ *6561*

c) $15^3 =$ *$15 \cdot 15 \cdot 15$* $=$ *3375*

d) $4^5 =$ *$4 \cdot 4 \cdot 4 \cdot 4 \cdot 4$* $=$ *1024*

3 Als ein König seinen Hof errichten ließ, suchte er sich verschiedene Arbeiter dafür. Für den Bau seiner Brücke zum Tor fand er Schlaubibus. Dieser machte dem König ein Angebot:
„Ich schaffe es, die Brücke in 14 Tagen zu bauen. Dafür möchte ich am ersten Tag zwei Taler haben, am zweiten Tag vier Taler, am dritten acht, usw.!" Der König stimmte zu.
Vervollständige die Tabelle. Berechne, wie viele Taler Schlaubibus insgesamt vom König bekommt.

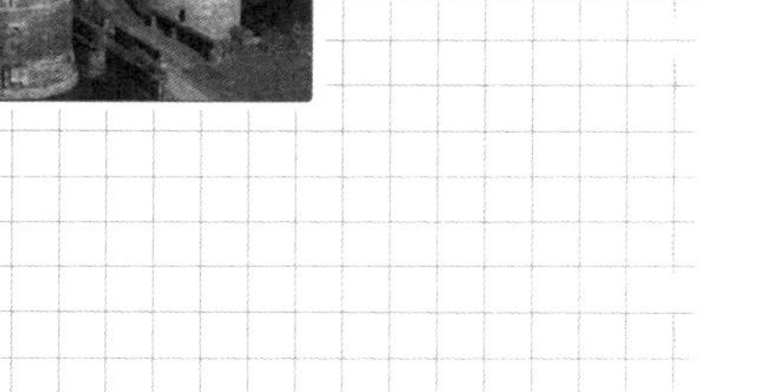

Tag	Tageslohn	Gesamtlohn
1	*$2 = 2^1$*	*2*
2	*$4 = 2^2$*	*6*
3	*$8 = 2^3$*	*14*
4	*$16 = 2^4$*	*30*
5	*$32 = 2^5$*	*62*
6	*$64 = 2^6$*	*126*
7	*$128 = 2^7$*	*254*
8	*$256 = 2^8$*	*510*
9	*$512 = 2^9$*	*1022*
10	*$1024 = 2^{10}$*	*2046*
11	*$2048 = 2^{11}$*	*4094*
12	*$4096 = 2^{12}$*	*8190*
13	*$8192 = 2^{13}$*	*16 382*
14	*$16\,384 = 2^{14}$*	*32 766*

Gesamtlohn Schlaubibus: *32 766 Taler*

➲ Schülerbuch Seite 58

Rechenvorteile und Rechengesetze bei natürlichen Zahlen

1 Berechne den Term.

a) $4 \cdot 4 + 2 \cdot 6 =$ *28*

$11 \cdot 4 - 12 \cdot 2 =$ *20*

$15 + 6 - 20 \cdot 1 =$ *1*

$100 - 6 \cdot 9 + 48 =$ *94*

b) $(5^2 + 7) - 12 \cdot 2 =$ *8*

$18 + 55 \cdot (12 - 10) =$ *128*

$[(303 - 5^3) + 12] : 19 =$ *10*

$92 \cdot 46 - 4275 : 57 =$ *4157*

2 Setze Klammern, damit das Ergebnis stimmt.

a) $(150 + 25) \cdot 2 = 350$
$(66 - 18) \cdot 12 = 576$
$22 \cdot (12 + 18) = 660$
$(1000 - 28) : (39 + 42) = 12$

b) $(181 + 21) \cdot 2 = 404$
$(22 - 13) \cdot 1 = 9$
$(16 - 14) \cdot 14 = 28$
$195 - (538 + 58) : 4 = 46$

c) $147 \cdot (17 - 12) = 735$
$66 \cdot (10 - 9) = 66$
$(18 - 9) \cdot 18 = 162$
$34 \cdot (100 - 4^3) : 204 = 6$

3 Schreibe zunächst als Term und berechne anschließend.

a) Mia kauft vier Kinokarten zu je 7 Euro, eine Limonade für 2 Euro und zwei Tafeln Schokolade für je 1 Euro. Berechne den Gesamtpreis.

$4 \cdot 7 + 1 \cdot 2 + 2 \cdot 1 = 32$

Antwort: *Mia muss 32 Euro bezahlen.*

b) In der Klasse 5b sind 21 Schülerinnen und Schüler. Ihre Mathematiklehrerin kauft für jeden einen Zirkel zu je 8 Euro, ein Geodreieck zu je 1 Euro und ein Heft zu je 2 Euro. Berechne den gesamten Preis für die Klasse 5b.

$21 \cdot 8 + 21 \cdot 1 + 21 \cdot 2 = 231$

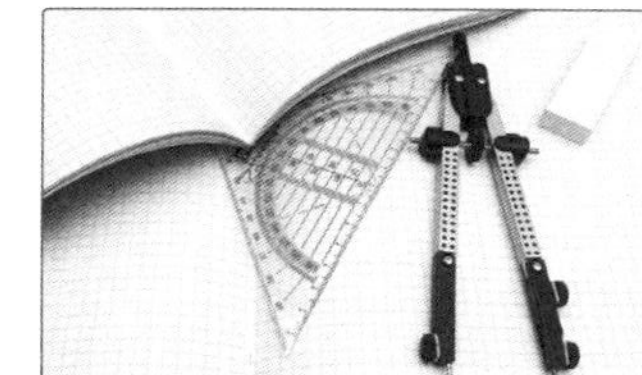

Antwort: *Die Lehrerin muss 231 Euro ausgeben.*

4 Vergleiche die folgenden Terme. Setze <, > oder = ein.

a)
$6 \cdot 5 - 4$ < $61 - 5 \cdot 4$
$12 - 4 \cdot 2$ < $12 \cdot 4 - 2$
$17 \cdot 4 - 60$ > $17 - 60 : 4$
$18 - 2 \cdot 3$ < $8 \cdot 2 - 3$

b)
$(20 - 3) \cdot 2$ > $20 - 3 \cdot 2$
$(120 - 18) \cdot 4$ > $18 \cdot 120 - 4$
$4 \cdot (80 + 8)$ > $4 \cdot 80 + 8$
$6 \cdot 44 - 6$ > $(44 - 6) \cdot 6$

c)
$(27 + 72) : 9$ < $27 + 72 : 9$
$60 : 4 + 6$ > $60 : (4 + 6)$
$(180 - 26) : 2$ < $180 - 26 : 2$
$70 - 210 : 3$ = $210 : 3 - 70$

➲ Schülerbuch Seite 62

I. Natürliche Zahlen addieren und subtrahieren

1 Schreibe jeweils die passende Zahl in das Kästchen, die zum Ergebnis 1000 führt.

a) 25 + 100 + [875] =
b) 177 + [573] + 250 =
c) 155 + 800 + [45] =
d) [1087] − 87 =
e) [1299] − 299 =
f) 180 + 220 + 1800 − [1200] =

1000

2 Rechne im Kopf. Du kannst vorteilhaft rechnen.

a) 83 + 45 + 27 = 155
b) 254 + 124 + 86 = 464
c) 321 + 19 + 67 = 407
d) 897 − 222 = 675
e) 564 − 324 − 140 = 100
f) 543 − 56 − 43 = 444
g) 340 + 56 + 244 = 640
h) 560 − 66 − 364 = 130
i) 864 + 226 + 36 = 1126

II. Natürliche Zahlen multiplizieren, potenzieren und dividieren

3 Verbinde die passende Aufgabe mit der richtigen Lösung.

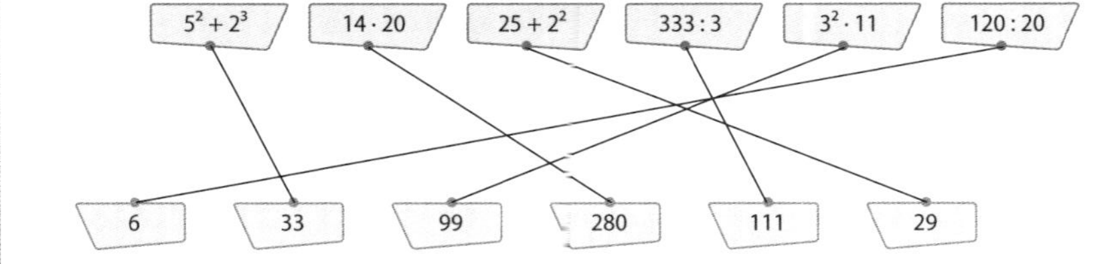

4 Vervollständige die Rechenbäume.

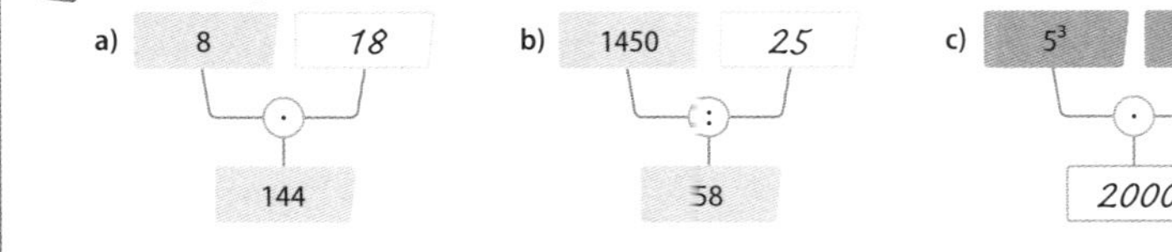

5 Berichtige die Rechnung und mache die Probe.

```
  2 2 1 0 2 5 : 1 0 5 = 2 1 5
− 2 1 0
    1 1 0
  − 1 0 5
        5 2 5
      − 5 2 5
            0
```

```
  2 2 1 0 2 5 : 1 0 5 = 2 1 0 5
− 2 1 0
    1 1 0
  − 1 0 5
        5 2
      −   0
        5 2 5
      − 5 2 5
            0
```

Probe:

```
2 1 0 5 · 1 0 5
    2 1 0 5 0 0
        1 0 5 2 5
          1
    2 2 1 0 2 5
```

III. Rechengesetze anwenden

6 Welcher Term gehört zu welchem Text? Verbinde.

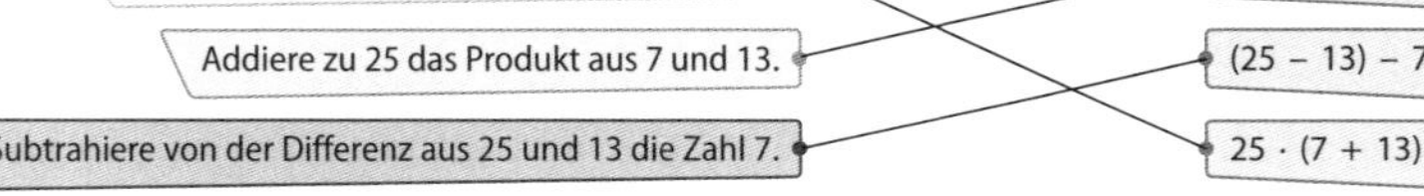

7 Welche Rechengesetze wurden bei den folgenden Termumformungen verwendet? Schreibe über das Gleichheitszeichen jeweils eine der Abkürzungen KG (Kommutativgesetz), AG (Assoziativgesetz), DG (Distributivgesetz), PvS (Punkt vor Strich) oder Kl (Klammern zuerst). Berechne anschließend den Term.

a) 27 + 42 + 13 =(KG) 27 + 13 + 42 = 82

b) 127 − 14 · 3 =(PvS) 127 − 42 = 85

c) 15 · (17 + 6 + 83) =(KG) 15 · (17 + 83 + 6) =(Kl) 15 · 106 =(DG) 10 · 106 + 5 · 106 =(PvS) 1060 + 530 = 1590

8 Berechne mithilfe der Rechengesetze.

a) 120 − 14 · 5 = 120 − 70 = 50

b) 7 · 15 + 7 · 3 − 7 · 4 = 7 · (15 + 3 − 4) = 7 · 14 = 98

c) (30 − 17) − 6 · 2 = 13 − 12 = 1

Teil	Ich kann bei einfachen Aufgaben …	Aufgaben	Kreuze an.		
			0–2	3–4	5–6
I.	natürliche Zahlen addieren und subtrahieren.	1, 2	☹	😐	☺
II.	natürliche Zahlen multiplizieren, potenzieren, dividieren.	3, 4, 5	☹	😐	☺
III.	Rechengesetze anwenden.	6, 7, 8	☹	😐	☺

I. Strecken zeichnen, ihre Längen messen und mit dem Zirkel umgehen

1 Zeichne die Strecke zwischen den Punkten A und B. Gib die Länge dieser Strecke an.

a) Länge: $\overline{AB} = 4$ cm

b) Länge: $\overline{AB} = 3$ cm 5 mm

c) Länge: $\overline{AB} = 2$ cm 3 mm

d) Länge: $\overline{AB} = 4{,}2$ cm

2 Zeichne Strecken mit der angegebenen Länge.

a) Strecke vom Punkt A zum Punkt B mit der Länge 38 mm

b) Strecke vom Punkt C zum Punkt D mit der Länge 2 cm und 6 mm

a) A — 38 mm — B   b) C — 26 mm — D

3 Zeichne einen Kreis um den gegebenen Punkt M. Alle Punkte der Kreislinie sollen von dem Punkt M 2 cm entfernt liegen.

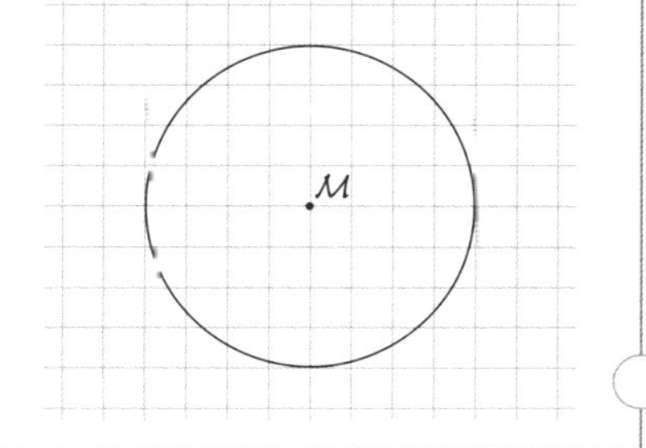

III. Figuren benennen und Muster fortsetzen

4 Verbinde die Punkte zum Viereck ABCD. Benenne das Viereck, wenn du es kennst.

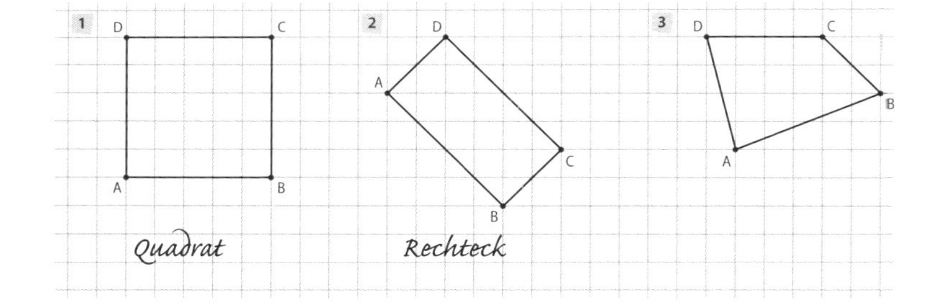

5 **a)** Beschreibe den Aufbau der bei b) abgebildeten Figur.

Ein Kreis mit Radius 1,5 cm ist von einem Quadrat mit Seitenlänge 3 cm umgeben. Auf der oberen und unteren Quadratseite ist ein symmetrisches Dreieck mit 1,5 cm Höhe.

b) Setze das Muster mindestens um 2 Figuren fort.

III. Schnittpunkte bestimmen

6 Zeichne jeweils einen Kreis, der mit der gegebenen Figur folgende Anzahl an Schnittpunkten hat:

1 keinen Schnittunkt   2 einen Schnittpunkt   3 zwei Schnittpunkte

a) *Lösungsmöglichkeit*

b)

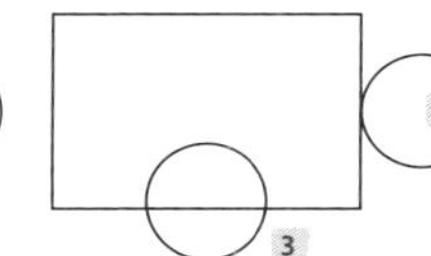

Teil	Ich kann …	Aufgaben	Kreuze an. 0–2	3–4	5–6
I.	Strecken zeichnen, ihre Längen messen und mit dem Zirkel umgehen.	1, 2, 3	☹	😐	☺
II.	Figuren benennen und Muster fortsetzen.	4, 5	☹	😐	☺
III.	Schnittpunkte bestimmen.	6	☹	😐	☺

Strecken und Geraden

1 Schätze zuerst die Länge der jeweiligen Strecken und miss anschließend nach. Wie gut waren die Schätzungen? Berechne dazu die Differenzen.

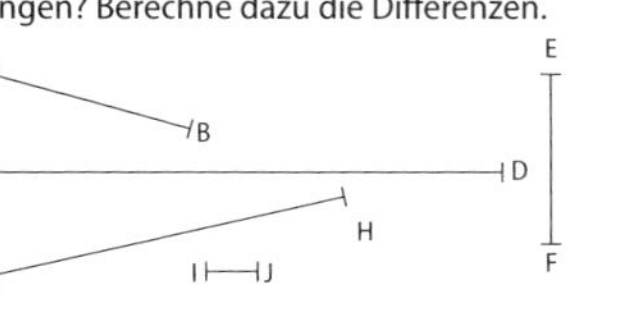

Strecke	geschätzt	gemessen	Differenz
$\overline{AB}$	*individuelle Lösungen*	*20 mm*	*individuelle Lösungen*
$\overline{CD}$		*50 mm*	
$\overline{EF}$		*17 mm*	
$\overline{GH}$		*35 mm*	
$\overline{IJ}$		*5 mm*	

2 Trage die Strecken ab.
$|\overline{AB}| = 7$ cm $|\overline{CD}| = 5$ cm 7 mm $|\overline{EF}| = 68$ mm $|\overline{GH}| = 9$ mm $|\overline{KL}| = 1$ dm 8 mm

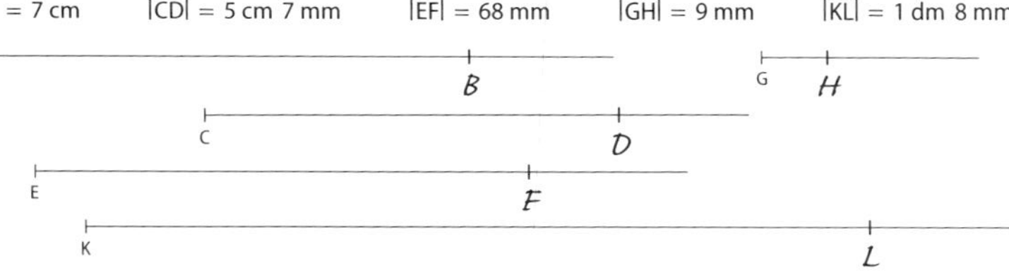

3 Peter und Tina finden eine alte Schatzkarte von einer Insel. Darauf steht: „Zeichne Geraden durch je zwei Punkte. An der Stelle, an der sie den Strand treffen, kann der Schatz liegen."
a) Zeichne die Geraden ein.
b) Gib an, an wie vielen Stellen man suchen muss.
6 Stellen

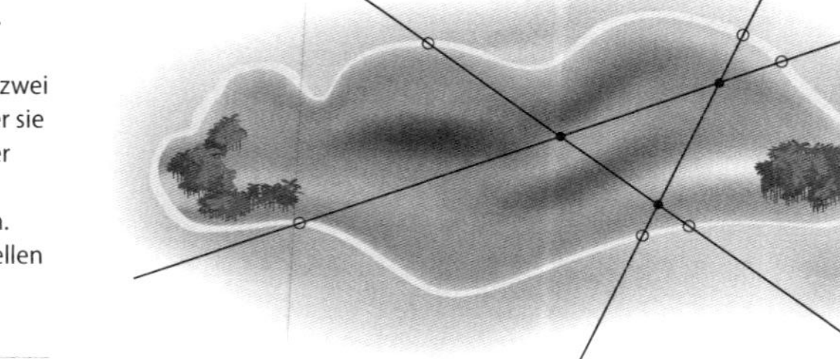

4 Verbinde die Punkte in der angegebenen Reihenfolge. Miss die Länge der Verbindungsstrecken, dann gib die Gesamtlänge an.

a) von A über B und D nach C

b) von A über B und C nach D

c) von A über C und D nach B

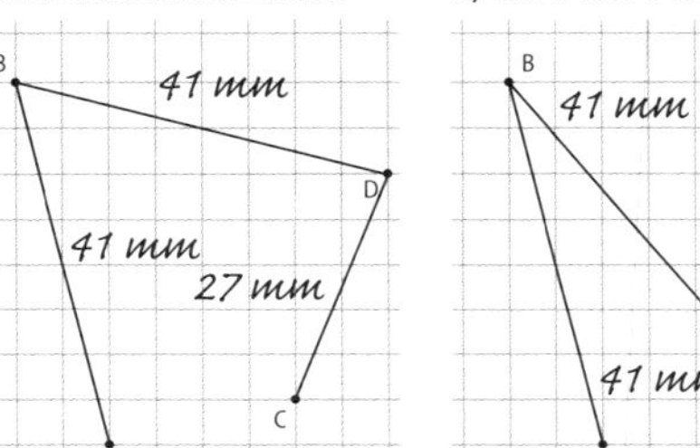

a) Länge: *ca. 109 mm*
b) Länge: *ca. 109 mm*
c) Länge: *ca. 89 mm*

Schülerbuch Seite 78

Orthogonal und parallel

1 Überprüfe mit dem Geodreieck, welche Geraden orthogonal oder parallel zueinander sind und notiere wie angegeben mit den Symbolen ⊥ und ∥.

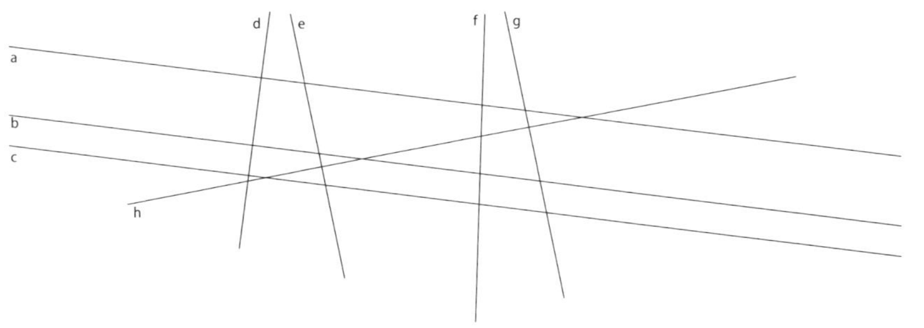

$a \perp d$, $b \perp d$, $c \perp d$, $a \parallel b$, $a \parallel c$, $b \parallel c$, $h \perp e$, $h \perp g$, $g \parallel e$

2 Zeichne durch alle Punkte die Parallelen und Orthogonalen zu g.

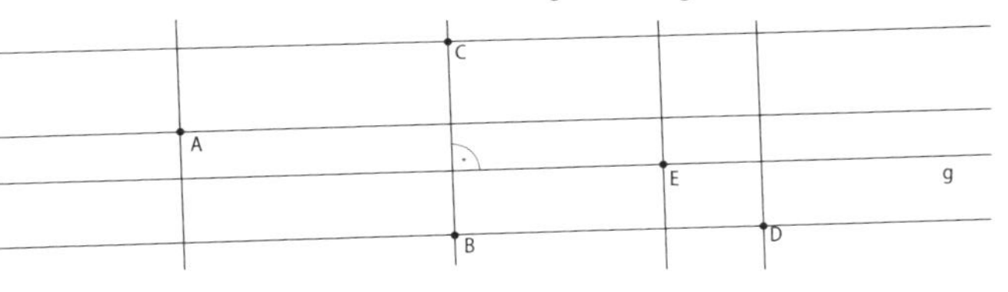

3 a) Zeichne …
1 die Orthogonale zu $\overline{BC}$ durch den Punkt A.
2 die Parallele zu $\overline{AB}$ durch den Punkt C.

b) Zeichne …
1 die Parallele zu $\overline{NP}$ durch M.
2 die Orthogonale zu $\overline{PM}$ durch N.

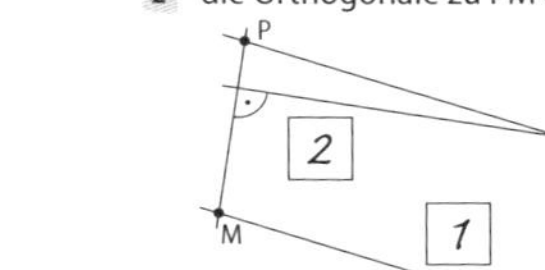

4 Setze das Muster fort.
a)
b)

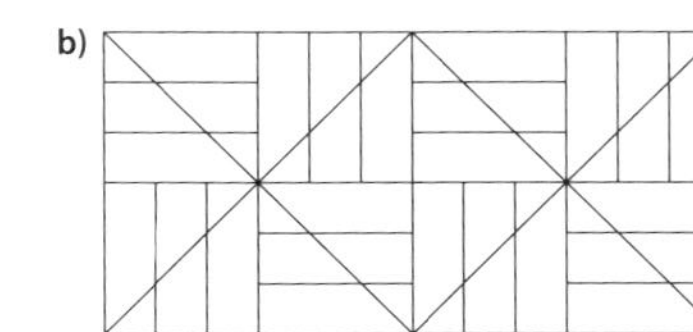

5 Kreuze an, wenn die Aussage richtig ist.
a) ☒ Wenn $a \parallel b$ und $b \parallel c$, dann ist $a \parallel c$.
b) ☐ Wenn $a \perp b$ und $b \perp c$, dann ist $a \perp c$.

Schülerbuch Seite 80

Abstand

1 Bestimme den Abstand der Punkte P, Q, R, S und T von der Geraden g.

Punkt	Abstand zu g
P	*32 mm*
Q	*7 mm*
R	*0 mm*
S	*13 mm*
T	*25 mm*

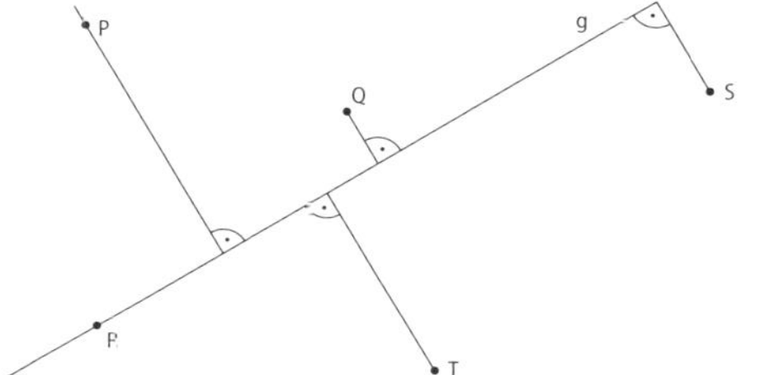

2 Zeichne zwei zueinander parallele Geraden mit dem gegebenen Abstand.
a) Abstand 25 mm b) Abstand 7 mm

25 mm *7 mm*

3 Die Karte zeigt die Umgebung von Mönchengladbach. Bestimme die Luftlinienentfernung der Orte.

von – nach	Karte	Luftlinie
Heinsberg – Grevenbroich	*59 mm*	*59 km*
Viersen – Neuss	*38 mm*	*38 km*
Brüggen – Heinsberg	*34 mm*	*34 km*
Mönchengladbach – Erkelenz	*23 mm*	*23 km*
Neuss – Mönchengladbach	*35 mm*	*35 km*

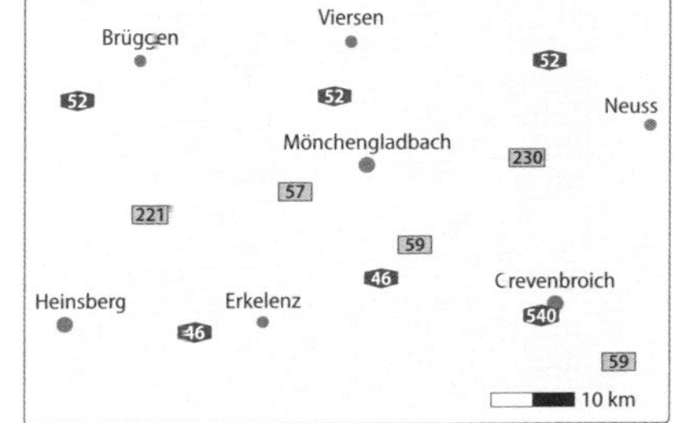

4 Gegeben ist das Dreieck ABC. Zeichne jeweils den Abstand der Punkte A, B und C zu der gegenüberliegenden Seite ein und miss nach.

Abstand von A zu a: 39 mm

Abstand von B zu b: 57 mm

Abstand von C zu c: 35 mm

Achsensymmetrie

1 Ergänze zu einer achsensymmetrischen Figur.

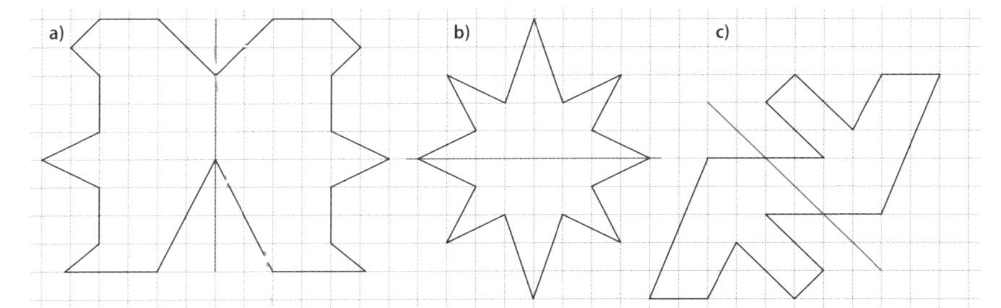

2 Entscheide, ob das Wort achsensymmetrisch aufgebaut ist.

a) ☒ UHU b) ☐ BILD c) ☐ AMT d) ☐ AUTO e) ☒ BODO f) ☒ OMO g) ☐ HITZE

3 Überprüfe auf Richtigkeit, wenn a die Symmetrieachse ist. Korrigiere fehlerhafte Bildpunkte.

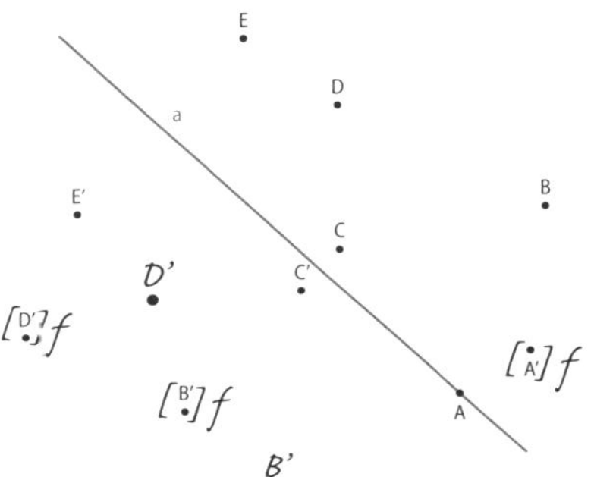

4 Zeichne in dieses Kachelmuster aus dem Ägyptischen Museum in Bonn alle Spiegelachsen ein.

5 Ermittle jeweils die Spiegelachse s zu einem Punkt und seinem Bildpunkt.
Überprüfe, ob diese Achse auch Spiegelachse des anderen Punktepaares ist.

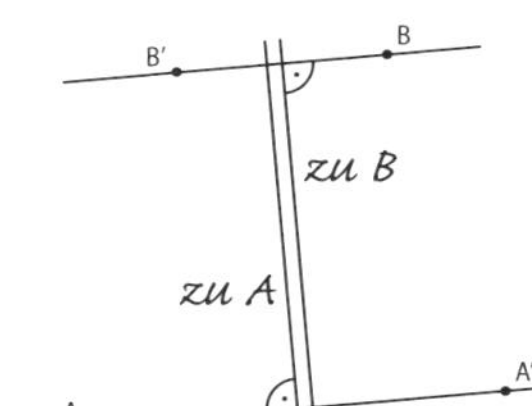

Die Spiegelachsen sind nicht identisch.

Punktsymmetrie

1 Fülle die Tabelle aus. Zeichne die Symmetriezentren und -achsen auch in die Figuren ein.

Figur	achsensymmetrisch? Anzahl der Achsen	punktsymmetrisch? Symmetriezentrum
Z	2 Symmetrieachsen	Symmetriezentrum Z
	3 Symmetrieachsen	keine Punktsymmetrie
Z	4 Symmetrieachsen	Symmetriezentrum Z
Z	keine Achsensymmetrie	Symmetriezentrum Z
	5 Symmetrieachsen	keine Punktsymmetrie

2 Ergänze zu einer punktsymmetrischen Figur mit Symmetriezentrum Z.

a) Z

b) Z

3 Kreuze an, ob die Figuren punktsymmetrisch sind. Zeichne bei den punktsymmetrischen Figuren die Lage des Symmetriezentrums ein.

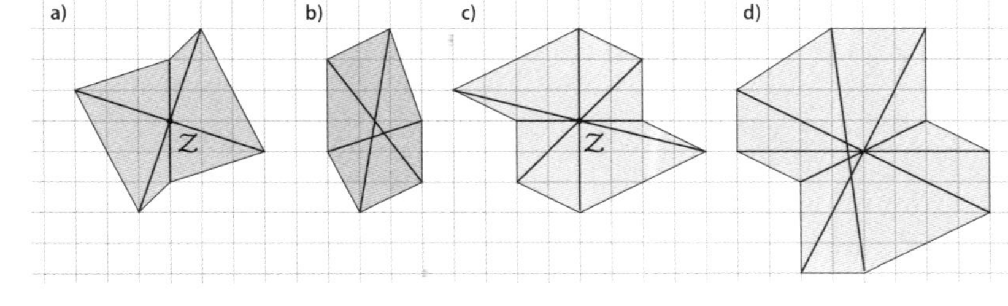

a) [x] punktsymmetrisch [ ] nicht punktsymmetrisch

b) [ ] punktsymmetrisch [x] nicht punktsymmetrisch

c) [x] punktsymmetrisch [ ] nicht punktsymmetrisch

d) [ ] punktsymmetrisch [x] nicht punktsymmetrisch

Koordinatensystem

1 Bestimme die Koordinaten der Punkte.

A (2 | 3) B (1 | 1) C (0 | 4) D (8 | 1)

E (6 | 2) F (7 | 3) G (10 | 3) H (9 | 0)

I (5 | 4) J (1 | 4)

2 Trage die Punkte A (7|7), B (5|7), C (5|4), D (9|4) und E (9|9) in das Koordinatensystem ein und verbinde sie der Reihe nach. Entdecke einen Zusammenhang zwischen der Anordnung der Punkte. Setze diesen Zusammenhang fort und gib die Koordinaten der nächsten drei Punkte an.

Der Zusammenhang lautet: *Die Strecken werden immer um eine Kästchenlänge verlängert und in Schneckenform gezeichnet.*

F (3 | 9) G (3 | 2) H (11 | 2)

3 Zeichne das Dreieck ABC mit A (10|2), B (9|7) und C (7|5) in das nebenstehende Koordinatensystem.

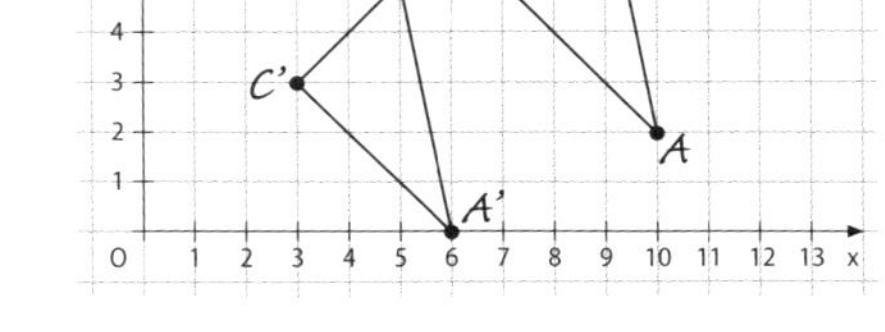

a) Verschiebe jeden Punkt vier Einheiten nach links und zwei Einheiten nach unten.
Gib die Koordinaten des neuen Dreiecks an.

A' (6 | 0) B' (5 | 5) C' (3 | 3)

b) Beschreibe, wie du auch ohne Zeichnung zu den neuen Koordinaten kommst.

x-Koord. minus 4, y-Koord. minus 2

4 a) Verschiebe das Rechteck 5 Kästchen nach rechts und 2 nach oben. Gib die Koordinaten der Bildpunkte an.

A' (6 | 3); *B' (8|3); C' (8|7); D' (6|7)*

b) Das Bildviereck ist um 5 Kästchen nach rechts und 3 nach oben verschoben worden. Zeichne das Ausgangsviereck und gib die Koordinaten der Eckpunkte an.

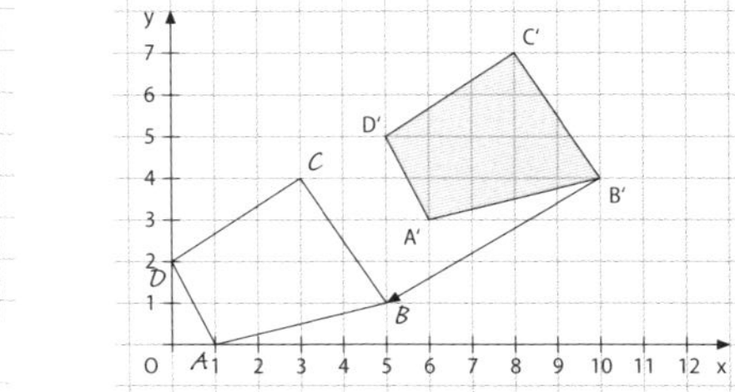

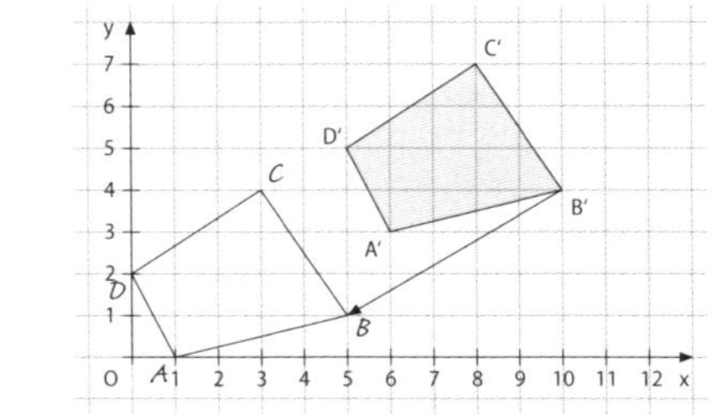

A' (1 | 0); *B (5|1); C (3|4); D (0|2)*

Koordinatensystem

5 Gegeben sind die fünf Punkte M, A, T, H und E.

a) Lies ihre Koordinaten ab und ergänze.

M	A	T	H	E
(1 | 1)	(4 | 2)	(6 | 5)	(3 | 6)	(1 | 4)

b) Zeichne die Gerade EH ein; EH schneidet die y-Achse im Punkt B. Gib die Koordinaten von B an:

B(0 | 3).

c) Gib an, ob der Punkt S(6|0) auf der Strecke $\overline{EA}$ liegt.

☐ Ja ☒ Nein

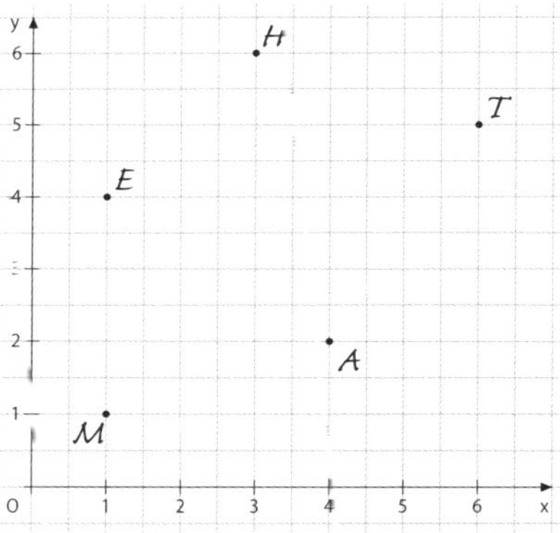
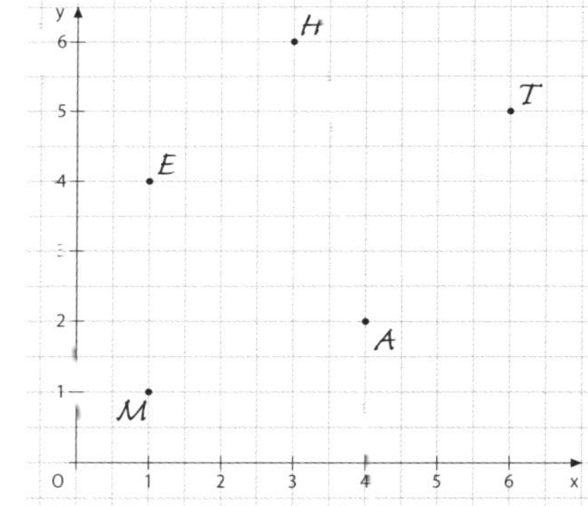

6 In einem Koordinatensystem sind die Punkte W(4|4) und E(2|0) gegeben.

a) Zeichne den Ursprung O(0|0) sowie die beiden Koordinatenachsen ein.

b) Lies die Koordinaten des Punktes G ab:

G(5 | 3).

c) Gib an, ob gilt: WG ⊥ EG?

☒ Ja ☐ Nein

d) Verbinde die Punkte W, G und E mit Strecken untereinander. Gib die Koordinaten aller Punkte an, die im Innern der Figur WEG liegen.

A (4|3)

auf dem Rand der Figur liegen:

B (3|1), C (4|2), D (3|2)

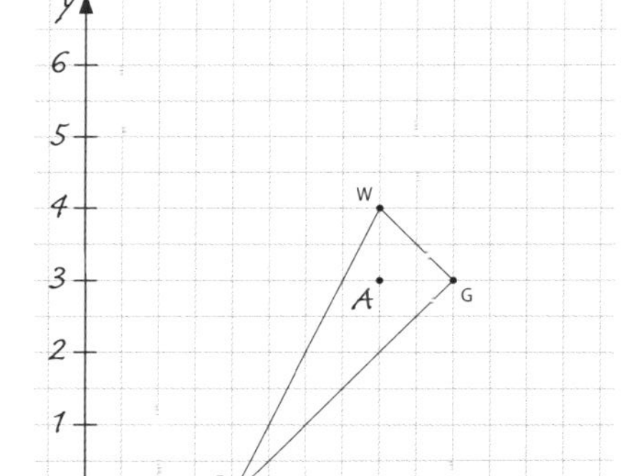

7 Trage in dem gezeichneten Bereich …

a) mit roter Farbe alle Punkte ein, deren x-Koordinate genau so groß wie ihre y-Koordinate ist.

b) mit blauer Farbe alle Punkte ein, für deren x-Koordinate $0 < x < 6$ gilt und deren y-Koordinate um 1 größer als ihre x-Koordinate ist.

c) mit grüner Farbe alle Punkte ein, deren y-Koordinate um 2 kleiner als ihre x-Koordinate ist.

a) Punkte A, B, C, D, E, F

b) Punkte G, H, I, J, K, L

c) Punkte M, N, O, P, Q

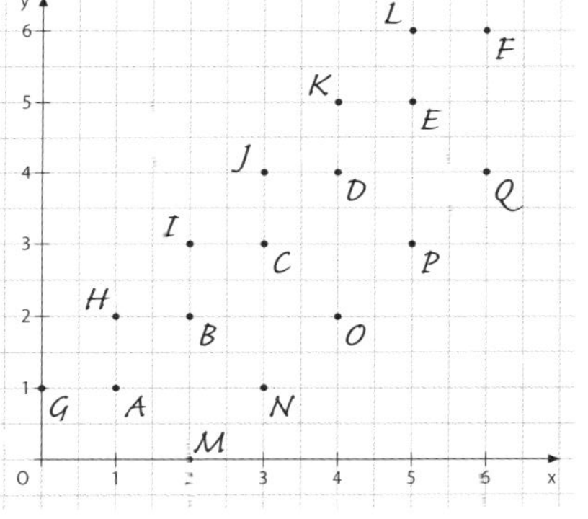

➲ Schülerbuch Seite 94

Vierecke in der Ebene

1 Kreuze an. Es können mehrere Zuordnungen richtig sein. Die dargestellte Figur ist ein(e):

		Dreieck	Viereck	Parallelogramm	Raute	Rechteck	Quadrat
1			X	X		X	
2			X	X	X		
3		X					
4			X	X	X	X	X
5			X	X			
6			X	X	X	X	X

2 Ergänze zu der angegebenen Figur.

a) Parallelogramm b) Raute c) Trapez

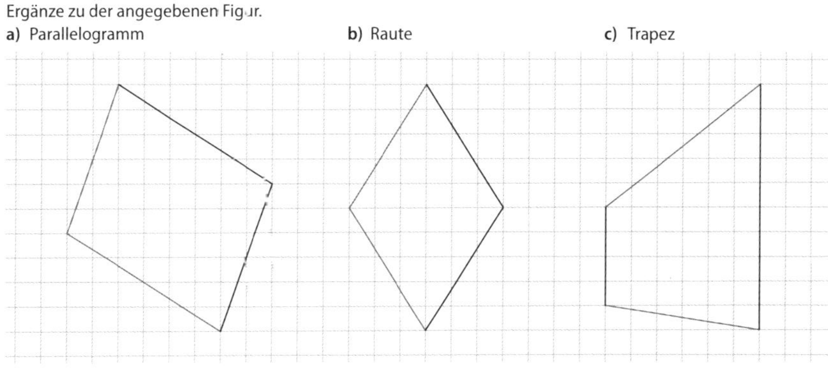

3 Immer zwei Teilflächen ergeben ein Quadrat. Färbe sie gleich ein.

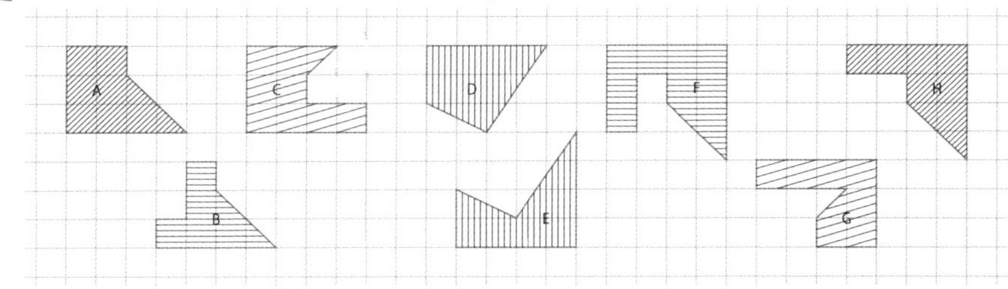

➲ Schülerbuch Seite 100

I. Orthogonale und parallele Geraden und Strecken zeichnen

1 a) 1 Zeichne eine orthogonale Strecke $\overline{EF}$ zu $\overline{AB}$.
2 Zeichne eine orthogonale Strecke $\overline{EG}$ zu $\overline{CD}$.
$\overline{EF}$ und $\overline{EG}$ sollen jeweils 2 cm lang sein.

b) 1 Zeichne eine parallele Gerade l zu k durch Z.
2 Zeichne eine orthogonale Gerade m zu h durch Z.

c) Kreuze an, welche Aussagen jeweils mit den Zeichnungen aus a) und b) richtig sind:

1 ☐ AB ∥ CD ☐ AB ∥ EF ☒ CD ∥ EF

2 ☐ h ⊥ k ☐ g ⊥ h ☒ g ⊥ k

II. Abstände bestimmen

2 a) Bestimme die gesuchten Abstände.

Punkt	Abstand zu $\overline{AB}$	Abstand zu g
P	5 mm	14 mm
Q	25 mm	7 mm
R	10 mm	0 mm
S	8 mm	10 mm

b) Zeichne …
1 einen Punkt T mit 3 cm Abstand zu $\overline{AB}$. 2 einen Punkt U mit 1 cm Abstand zu g.

III. Figuren in ein Koordinatensystem zeichnen

3 a) Gib die Koordinaten an. A(3 | 0); B(1 | 2); G(10 | 3); H(2 | 3)

b) Dem Segelschiff fährt ein identisches Segelschiff voraus mit A'(14|0).
1 Zeichne das Segelschiff mit A' ein. 2 Bestimme die Koordinaten von E'. E'(18 | 2)

4 In einem Koordinatensystem sind die beiden Punkte D(1|2) und U(3|3) gegeben.
a) Zeichne die Koordinatenachsen ein.
b) Zeichne den Punkt R(5|1) in das Koordinatensystem ein.

IV. Vierecke in der Ebene unterscheiden und zeichnen

5 Kreuze an, welche Aussagen richtig sind:

a) ☒ Jedes Quadrat ist ein Rechteck. ☐ Jede Raute ist ein Rechteck.

b) ☒ Jede Raute ist ein Trapez. ☒ Jedes Quadrat ist ein Trapez.

6 Ergänze die unfertigen Figuren mit nur zwei Strichen zu einem …
a) Rechteck. b) Quadrat. c) Parallelogramm. d) Trapez.

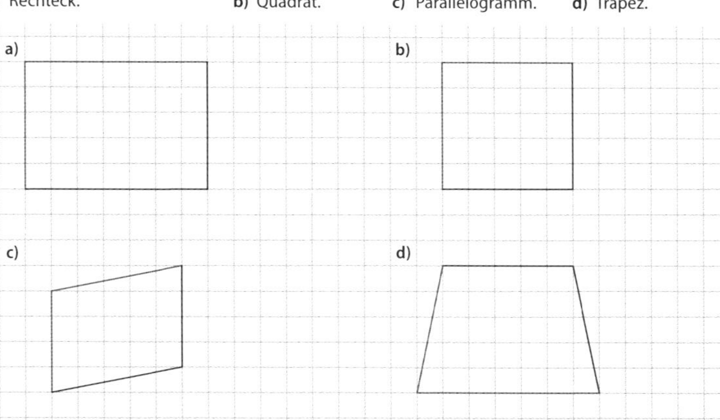

Teil	Ich kann bei einfachen Aufgaben …	Aufgaben	Kreuze an. 0–2	3–4	5–6
I.	orthogonale und parallele Geraden und Strecken zeichnen.	1	☹	😐	☺
II.	Abstände bestimmen.	2	☹	😐	☺
III.	Figuren in ein Koordinatensystem zeichnen.	3, 4	☹	😐	☺
IV.	Vierecke in der Ebene unterscheiden und zeichnen.	5, 6	☹	😐	☺

I. Einheiten von Größen mit Beispielen aus dem Alltag verbinden.

1 Kreuze an, welche Größenangabe stimmen kann.

a) Masse eines Stücks Butter	☐ 25 kg	☐ 250 cm	☒ 250 g	☐ 12 g
b) Breite einer Tür	☐ 20 mm	☐ 60 min	☒ 100 cm	☐ 2 km
c) Preis eines Jugendbuchs	☒ 8,50 €	☐ 25 ct	☐ 350 g	☐ 99 €
d) Dauer eines Fußballspiels	☐ 11 m	☐ 45 min	☐ 2 h	☒ 5400 s
e) Masse eines Erwachsenen	☐ 18 dm	☐ 18 000 g	☒ 80 kg	☐ 8 t
f) Höhe eines Elefanten	☒ 4 m	☐ 3000 kg	☐ 3000 dm	☐ 1 km
g) Gewicht eines Tennisballs	☐ 2 kg	☐ 80 cm	☐ 2,50 €	☒ 60 g
h) Backzeit eines Kuchens	☐ 7 min	☒ 60 min	☐ 50 dm	☐ 2 km
i) Preis einer Busfahrkarte	☒ 1,60 €	☐ 14 min	☐ 30 ct	☐ 2 km

II. Messinstrumente von Größen und ihre Einsatzmöglichkeiten beschreiben

2 Kreuze an, welche Größen du mit dem Messinstrument bestimmen kannst.

☐ Länge
☒ Masse
☐ Zeit

☐ Länge
☐ Masse
☒ Zeit

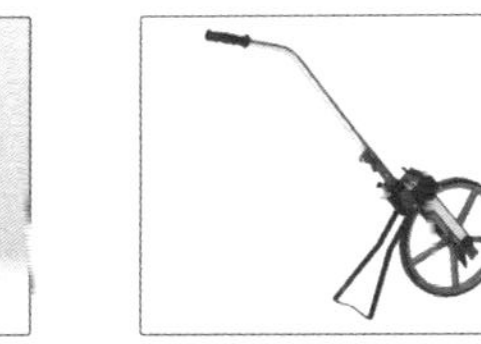

☒ Länge
☐ Masse
☐ Zeit

☐ Länge
☐ Masse
☒ Zeit

☒ Länge
☐ Masse
☐ Zeit

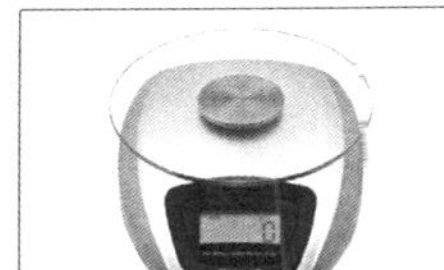

☐ Länge
☒ Masse
☐ Zeit

3 Nenne Beispiele, die du mit den abgebildeten Messgeräten messen kanst.

Beispiele: *Sprungweite*
Höhe einer Treppenstufe

Beispiele: *Zeitdauer für einen 50 m Lauf*
Zeitdauer für eine Unterrichtsstunde

Beispiele: *Masse eines Apfels*
Zutaten beim Kuchenbacken

4 Kreuze an, wie groß bzw. wie schwer der abgebildete Gegenstand ist.

Das Mädchen wiegt etwa …
☒ 25 kg.
☐ 25 g.
☐ 25 t.

Der Junge springt etwa …
☐ 3 cm weit.
☒ 3 m weit.
☐ 3 km weit.

Das Rad ist ungefähr …
☐ 1 m hoch.
☒ 2 m hoch.
☐ 3 m hoch.

Das Zelt ist etwa …
☐ 2,50 m hoch.
☐ 2 m hoch.
☒ 1 m hoch.

Der LKW wiegt ungefähr …
☐ 4 t.
☒ 40 t.
☐ 400 t.

Das Riesenrad ist ungefähr …
☒ 30 m hoch.
☐ 10 m hoch.
☐ 50 m hoch.

Teil	Ich kann …	Aufgaben	Kreuze an. 0–2	3–4	5–6
I.	Einheiten von Größen mit Beispielen aus dem Alltag verbinden.	1	☹	😐	☺
II.	Messinstrumente von Größen und ihre Einsatzmöglichkeiten beschreiben.	2, 3	☹	😐	☺
III.	Größen von Bildern und Zeichnungen abschätzen.	4	☹	😐	☺

Längen

1 a) Ergänze die Maßzahlen.

9 dm = *90* cm 80 cm = *8* dm

90 dm = *9* m 8 cm = *80* mm

b) Ergänze die Maßeinheiten.

720 mm = 72 *cm* 7000 m = 7 *km*

20 cm = 2 *dm* 70 m = 700 *dm*

2 Trage die Längen in die Tabelle ein.

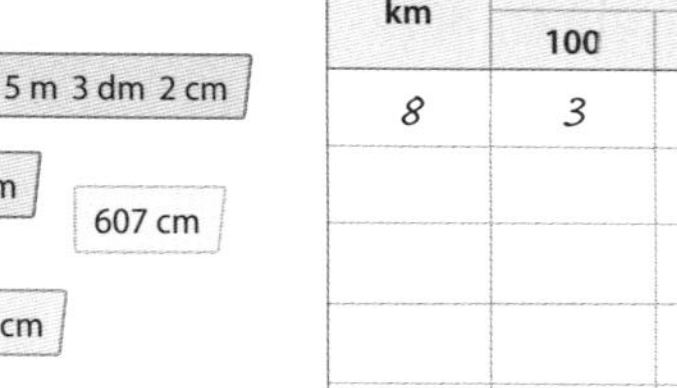

km	m			dm	cm	mm
	100	10	1			
8	*3*	*0*	*3*			
			5	*3*	*2*	
				4	*3*	*8*
			6	*0*	*7*	
		1	*3*	*7*	*5*	

3 Fülle die Lücken.

a) 12 m 24 mm = *1200* cm *24* mm = *12 024* mm

b) 954 000 cm = *95 400* dm = *9540* m

c) 250 000 000 mm = 25 · 10^*7* mm = *2 500 000* dm = *250* km

4 Ordne der Größe nach: 23 000 m; 1 dm; 186 dm; 18 cm 7 mm; 102 dm

1 dm < *18 cm 7 mm* < *102 dm* < *186 dm* < *23 000 m*

5 Rechne schrittweise in die in Klammern angegebene Einheit um.

a) 5 m (mm) = *500 cm = 5000 mm*

b) 32 km (dm) = *32 000 m = 320 000 dm*

c) 8 dm 7 mm (mm) = *80 cm 7 mm = 807 mm*

d) 2 m 8 dm (cm) = *200 cm 80 cm = 280 cm*

e) 623 km 100 m (dm) = *623 100 m = 6 231 000 dm*

f) 635 000 cm (m) = *6350 m*

6 Thomas biegt aus einem 36 cm langen Draht verschiedene Figuren. Alle Teilstücke sind gleich lang. Bestimme jeweils die Länge eines Teilstücks.

a) *9 cm* b) *12 cm* c) *4 cm* d) *6 cm*

➲ Schülerbuch Seite 118

Masse

1 Fülle die Lücken.

a) 1 t 56 kg = *1056* kg

b) 2 120 000 mg = *2120* g

c) 670 000 000 g = *670* t

d) 35 g = *35 000* mg

2 Gib die Reihenfolge der Massen der Größe nach an.

a)	1230 g	4562 kg	1 t	8 289 800 mg
Reihenfolge	*1*	*4*	*3*	*2*

b)	2 t 300 kg	34 690 kg	130 000 g	32 489 mg
Reihenfolge	*3*	*4*	*2*	*1*

c)	12 kg 12 mg	42 343 253 mg	3 t 40 kg	46 g
Reihenfolge	*2*	*3*	*4*	*1*

d)	123 989 023 kg	234 t 8 kg	7352 mg	23 g
Reihenfolge	*4*	*3*	*2*	*1*

3 a) Hier ist einiges durcheinander geraten. Verbinde die richtigen Massen mit den passenden Bildern.

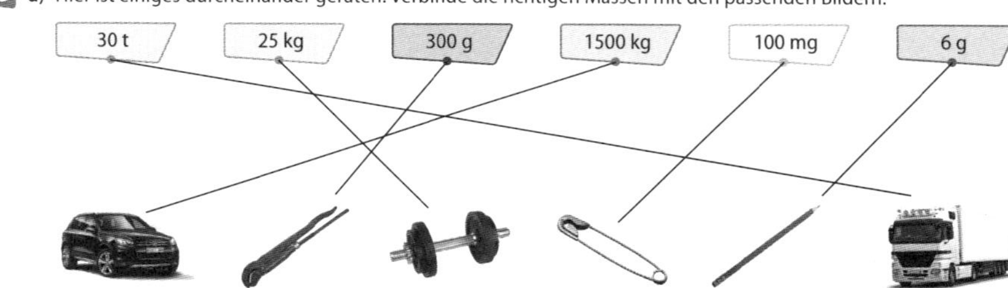

b) Die Rohrzange ist etwa 50-mal schwerer als der Bleistift. Vergleiche ebenso.

Der Lastwagen *ist etwa 20-mal schwerer als* das Auto.

Der Bleistift *ist fast 60-mal schwerer als* die Nadel.

Die Rohrzange *ist fast 3000-mal schwerer als* die Nadel.

Das Auto *ist ca. 5000-mal schwerer als* die Rohrzange.

4 Einige der folgenden Umrechnungen sind falsch. Korrigiere die Fehler.

a) 2200 g = 22 kg *f*
2200 g = 2 kg 200 g

b) 125 t = 125 000 kg ✓

c) 3 kg 60 g = 3600 mg *f*
3 kg 60 g = 3060 g

d) 13 kg 500 g = 13 500 g ✓

e) 26 kg 10 g = 26 010 g ✓

f) 1 t 2 kg = 1 000 200 g *f*
1 002 000 g

➲ Schülerbuch Seite 122

Zeit

1 Worum handelt es sich? Kreuze an. Ergänze.

	Zeitpunkt	Zeitdauer
Das Schiff fährt um 13.58 Uhr in die Schleuse.	x	
Dort bleibt es 8 min und fährt		x
um *14.06* Uhr weiter zum Ziel,	x	
das es um 15.44 Uhr erreicht,	x	
also *98* min später.		x

2 Vervollständige.

a) 17.40 Uhr —*4 h 25 min*→ 22.05 Uhr

b) 12.20 Uhr —5 h 15 min→ *17.35* Uhr

c) 14.00 Uhr —*5 h 15 min*→ 19.15 Uhr

d) *8.06* Uhr —2 h 20 min→ 10.26 Uhr

e) 7.35 Uhr —5 h 15 min→ *12.50* Uhr

f) 7.59 Uhr —*1 h 59 min*→ 9.58 Uhr

3 Wandle in die gegebenen Einheiten um.

a) 13 min = *780* s

b) 3600 s = *1* h

c) 180 s = *3* min

d) 27 min 8 s = *1628* s

e) 2 h 120 s = *122* min

f) 1 h 30 min = *90* min

4 Ruben hat leider Schokocreme auf die Fernsehzeitung gekleckert. Ergänze die fehlenden Angaben.

Sendung	Beginn	Ende	Dauer
Richterin Bohlen	14.15 Uhr	15.15 Uhr	*60* min
Pi – Der Entdecker	19.10 Uhr	*19.48* Uhr	38 min
Die Superschüler	*20.41* Uhr	21.20 Uhr	39 min

5 Frau Blättel fährt mit ihren Kindern ins Schwimmbad.

a) Sie fährt um 9.53 Uhr los und kommt um 10.05 Uhr an.

Die Fahrt dauert also *12* min.

b) Ihr Sohn Max schwimmt vier Bahnen in 236 s. Bis zur nächsten ganzen Minute müsste Max

also noch *4 s* schwimmen.

c) Um 16.03 Uhr fahren sie wieder nach Hause.

Familie Blättel war also *5* h *58* min = *358* min im Schwimmbad.

Schülerbuch Seite 126

Geldbeträge

1 Gib an, wie man folgende Geldbeträge mit möglichst wenigen Scheinen und Münzen bezahlen kann. Trage die Anzahl der Geldscheine bzw. Münzen in die Tabelle ein.

	20 €	10 €	5 €	2 €	1€	50 ct	20 ct	10 ct	5 ct	1 ct
13 €		*1*		*1*	*1*					
45 €	*2*		*1*							
7,35 €			*1*	*1*			*1*	*1*	*1*	
14,25 €		*1*		*2*			*1*		*1*	
26,99 €	*1*		*1*		*1*	*1*	*2*		*1*	*4*
38,49 €	*1*	*1*	*1*	*1*	*1*		*2*		*1*	*4*

2 Fülle die Lücken auf dem Einkaufszettel aus. Berechne, wie viel Rückgeld man bekommt.

Mcenter

Radieschen	EUR	0,59
Kaeseaufsch.	EUR	1,39
Bauchspeck	EUR	1,19
Bauchspeck	EUR	1,19
Limo	EUR	0,99
Clementinen	EUR	2,49
Pizza	EUR	3,50
Pizza	EUR	3,50
Summe	EUR	*14,84*
Bar	EUR	50,00
Rückgeld	EUR	*35,16*

0,59 + 1,39 + 1,19 + 1,19 = 4,36

4,36 + 0,99 + 2,49 + 3,50 + 3,50 = 14,84

50,00 − 14,84 = 35,16

Antwort: *Man bekommt 35,16 Euro zurück.*

3 Lukas möchte mit zwei Freunden das Eishockey-Derby der Kölner Haie gegen die Düsseldorfer EG besuchen. Zusammen haben sie 40 €. Welche Plätze können sie buchen?

Sitzplatz ermäßigt	16,50 €
Stehtribüne ermäßigt	12,50 €
Stehplatz ermäßigt	8,50 €

Antwort: *z. B. 3x Stehtribüne: 37,50 €*

3x Stehplatz: 25,50 €

je 1x Sitzpl./Stehtr./Stehpl.: 37,50 €

2x Stehtr., 1x Stehpl.: 33,50 €

4 Im Text sind einige Angaben verschwunden. Ergänze die Lücken.

Lisa kauft für ihre Geburtstagsparty ein. Von ihrer Mutter bekommt sie 10 €. Im Supermarkt kauft Lisa eine Tüte Chips für 90 ct und eine Tafel Schokolade für 70 ct. Insgesamt hat sie *160* ct bezahlt. Auf dem Heimweg kommt Lisa an einem Kiosk vorbei und kauft noch eine Packung Kekse für *1* € und Luftballons für 1 € 50 ct. Sie bezahlt 2 € 50 ct. Lisa geht zum Getränkemarkt, um dort eine Flasche Limonade für 90 ct und 3 Flaschen Cola zu je 80 ct zu kaufen. Am Ende hat sie noch *260* ct.

Lisas Einkaufszettel:
Chips
Schokolade
Kekse
1 Limonade
3 Cola
Luftballons

Schülerbuch Seite 130

1 Berechne und schreibe in der gegebenen Einheit.

a) 34 cm + 14 cm + 9 cm = 57 cm = 570 mm

b) 502 kg − 272 kg − 61 kg = 169 kg = 169 000 g

c) 10 ct + 124 ct + 82 ct = 216 ct = 2,16 €

d) 1800 m − 449 m − 83 m = 1268 m = 126 800 cm

2 Berechne und gib das Ergebnis in der angegebenen Einheit an.

a) 8 · 17 ct = 136 ct = 1,36 €

b) 6 · 125 g = 750 g = 750 000 mg

c) 112 · 40 dm = 4480 dm = 44 800 cm

d) 12 · 15 min = 180 min = 3 h

3 Gib die nächste volle Stunde an sowie die Zeitdauer, die bis dahin fehlt.

a) 13.34 Uhr 12 s —25 min 48 s→ 14.00 Uhr

b) 20.05 Uhr 58 s —54 min 2 s→ 21.00 Uhr

c) 18.41 Uhr 36 s —18 min 24 s→ 19.00 Uhr

d) 14.25 Uhr 23 s —34 min 37 s→ 15.00 Uhr

e) 00.54 Uhr 3 s —5 min 57 s→ 01.00 Uhr

f) 02.03 Uhr 40 s —56 min 20 s→ 03.00 Uhr

4 Eine Langstreckenläuferin trainiert jeden Tag die Woche für den Marathon die gleiche Strecke. Insgesamt läuft sie in einer Woche 133 km.
Berechne die Länge ihrer täglichen Laufstrecke.

133 : 7 = 19
− 7
63
− 63
0

Die Strecke ist pro Tag 19 km lang.

5 Berechne und gib das Ergebnis in der jeweils kleinsten Einheit an.

a) 5 dm + 84 cm + 3 m = 50 cm + 84 cm + 300 cm = 434 cm

b) 32 ct + 4 € + 352 ct = 32 ct + 400 ct + 352 ct = 784 ct

c) 3 t − 272 kg + 61 g = 3 000 000 g − 272 000 g + 61 g = 2 728 061 g

d) 17 min + 95 s + 43 min + 25 s = 1020 s + 95 s + 2580 s + 25 s = 3720 s

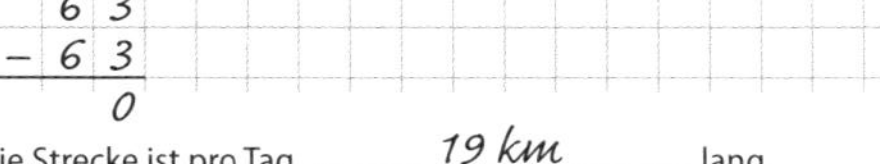

6 Viktor, Natalie, Oçan und Sophie machen in den Sommerferien jeweils mit ihren Eltern eine Radtour.
Zu Beginn und am Ende der Tour liest jedes Kind den Stand seines Kilometerzählers ab. Ergänze die Tabelle.

	Viktor	Natalie	Oçan	Sophie
Zählerstand zu Beginn	257,6 km	412,9 km	15,8 km	333,7 km
Zählerstand am Ende	401,2 km	600,1 km	208,3 km	400,4 km
Länge der gefahrenen Strecke	143,6 km	187,2 km	192,5 km	66,7 km

Ordne die gefahrenen Kilometer der Größe nach. Beginne mit dem kleinsten Wert.

66,7 km < 143,6 km < 187,2 km < 192,5 km

7 Berechne. Wandle gegebenenfalls in eine kleinere Einheit um.

a) 628 · 1,23 € = 77 244 ct = 772,44 €

b) 24 h : 48 = 1440 min : 48 = 30 min

c) 18 cm · 4 : 3 = 72 cm : 3 = 24 cm

628 · 123
628
1256
+ 1884
21
77244

8 Ergänze jeweils die Tabelle.

a) Von …	819 g	97 g	555 g	230 000 mg
fehlen auf 1 kg:	181 g	903 g	445 g	770 g = 770 000 mg

b) Von …	123 kg	567 kg	9 kg	4300 g
fehlen auf 1 t:	877 kg	433 kg	991 kg	995 700 g

c) Von …	991 mm	45 cm	2 dm 3 cm	640 mm
fehlen auf 1 m:	9 mm	55 cm	7 dm 7 cm = 77 cm	360 mm = 36 cm

d) Von …	53 min 7 s	1440 s	17 min 38 s	34 min 17 s
fehlen auf 1 h:	6 min 53 s = 413 s	2160 s = 36 min	2542 s = 42 min 22 s	1543 s = 25 min 43 s

9 Familie Schmitz fährt in den Urlaub und legt eine Distanz von 936 km zurück. Sie sind insgesamt 12 Stunden unterwegs, von denen 3 Stunden Pause sind. Gib an, wie viele km sie durchschnittlich pro Stunde ohne Pausen (mit Pausen) zurücklegen.

936 : 9 = 104

936 : 12 = 78

Sie fahren ohne Pausen 104 km pro Stunde

(mit Pausen 78 km pro Stunde).

1 Lehrerin Steinbauer organisiert für 25 Schüler eine fünftägige Fahrt ins Schullandheim. An festen Kosten fallen dabei an: 225 € Busfahrt für die ganze Klasse, Eintritt ins Erlebnisbad 2,60 € pro Schüler und 35,25 € Eintritt ins Museum für die ganze Klasse.
Berechne, wie viel jeder Schüler für die Fahrtkosten und Eintritte bezahlen muss.

a) Vervollständige und vergleiche die Lösungswege.

Lisa
1. Buskosten pro Schüler
225 € : 25 = 9 €
2. Museumseintritt pro Schüler
35,25 € : 25 = 1,41 €
3. Gesamtkosten pro Schüler
9 € + 1,41 € + 2,60 €
= 13,01 €

Tim
1. Buskosten und Museumseintritt
225 € + 35,25 € = 260,25 €
2. Bus und Museum pro Schüler
260,25 € : 25 = 10,41 €
3. Gesamtkosten pro Schüler
10,41 € + 2,60 €
= 13,01 €

b) Vervollständige einen weiteren Lösungsweg.

1. Gesamtkosten für das Erlebnisbad: 2,60 € · 25 = 65 €
2. Gesamtkosten für alle Schüler: 225 € + 65 € + 35,25 € = 325,25 €
3. Gesamtkosten pro Schüler: 325,25 € : 25 = 15,01 €

c) Gib an, wie sich das Ergebnis ändert, wenn das Busunternehmen 50 € mehr verlangt.

325,25 € + 50 € = 375,25 € oder 50 € . 25 = 2 €
375,25 € : 25 € = 15,01 € 91 € – 13,01 € = 104,01 €

d) Die Vollpension der Jugendherberge kostet 22,75 € pro Tag. An- und Abreise werden als ein Tag gerechnet.
Berechne … **1** den Gesamtpreis für die Klasse. **2** den Preis für jeden Schüler.

22,75 € · 4 · 25 = 22,75 € · 100 = 2 275 €
22,75 € · 4 = 91 € + 13,01 € = 104,01 €
2275 € + 225 € + 65 € + 35,25 € = 2600,25 € (Gesamtpreis)
2600,25 € : 25 = 104,01 € (Preis pro Schüler)

Schülerbuch Seite 134

1 In vielen Selbstbedienungsrestaurants werden Salate nach Gewicht berechnet. Vervollständige die Tabelle und ergänze die Rechenschritte.

a) (: 5, · 6)

Menge	250 g	50 g	300 g
Preis	1,50 €	0,30 €	1,80 €

b) (: 3, · 5)

Menge	300 g	100 g	500 g
Preis	2,70 €	0,90 €	4,50 €

2 Viele Länder haben eine eigene Währung. Vervollständige die Umrechnungstabellen.

a)

€	US-$
1	1,15
2	2,30
5	5,75
10	11,50
50	57,50

b)

€	Skr
1	10
2	20
5	50
10	100
50	500

c)

€	TRY
1	7
2	14
5	55
10	70
50	350

d)

€	RUB
1	72
2	144
5	360
10	720
50	3600

3 Das Säulendiagramm zeigt die maximale Fluggeschwindigkeit einiger Vögel. Ergänze die Angaben in der Tabelle und runde geeignet. Benötigte Daten kannst du dem Schaubild entnehmen.

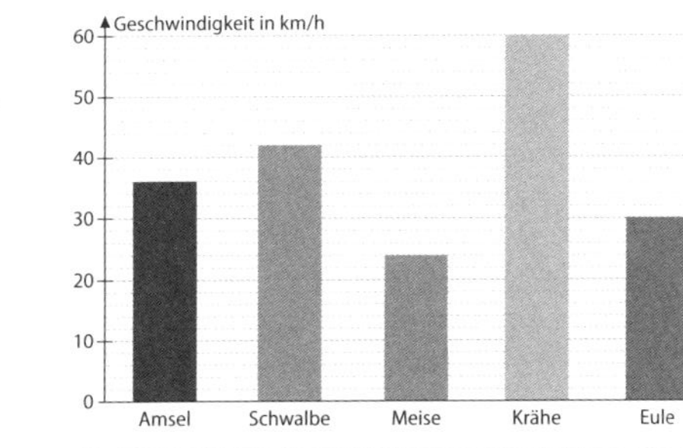

	Amsel	Schwalbe	Meise	Krähe	Eule
Geschwindigkeit	36 km/h	42 km/h	24 km/h	60 km/h	30 km/h
Flugstrecke in 30 min	18 km	21 km	12 km	30 km	15 km
Flugstrecke in 10 min	6 km	7 km	4 km	10 km	5 km
Flugstrecke in 90 min	54 km	63 km	36 km	90 km	45 km

Schülerbuch Seite 138

1 Vervollständige die Tabelle.

	a)	b)	c)	d)	e)
Karte/Modell	25 mm	8 dm	20 cm	6 cm 5 mm	3 cm
Maßstab	1 : 30 000	25 : 1	*50 : 1*	*1 : 30 000*	*1 : 300 000*
Wirklichkeit	*750 m*	*32 mm*	4 mm	195 000 cm	9 km

2 a) Bestimme die Länge der Strecke in Wirklichkeit auf einer Karte mit dem Maßstab 1 : 25 000.

1 4 cm → *1000* m 2 15 cm → *3750* m 3 7 cm → *1750* m

b) Bestimme die Länge der Strecke auf einer Karte mit dem Maßstab 1 : 20 000.

1 240 m → *12 mm* 2 17 km → *85 cm* 3 800 m → *4 cm*

4 4800 dm → *24 mm* 5 20 000 cm → *1 cm* 6 1 km 400 m → *7 cm*

3 Bestimme die angegebenen Entfernungen in Wirklichkeit (Luftlinie). Runde geeignet.

a)	Siegen–Bielefeld: *60* km		b)	Krefeld–Meschede: *160* km	
c)	Lüdenscheid–Münster: *100* km		d)	Herford–Aachen: *80* km	
e)	Duisburg–Dortmund: *110* km		f)	Paderborn–Siegburg: *120* km	

4 Verändere die abgebildeten Originalfiguren entsprechend dem angegebenen Maßstäben.

a) 1 : 3 b) 2 : 1 c) 1 : 5

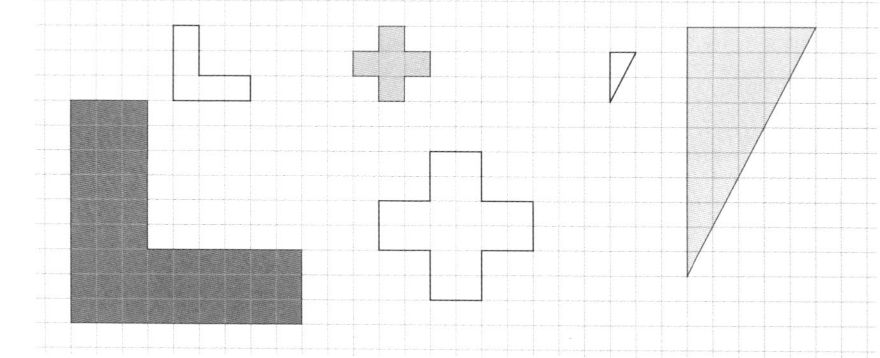

5 Ordne jeder Karte einen möglichen Maßstab zu. Verwende jeden Maßstab nur einmal.

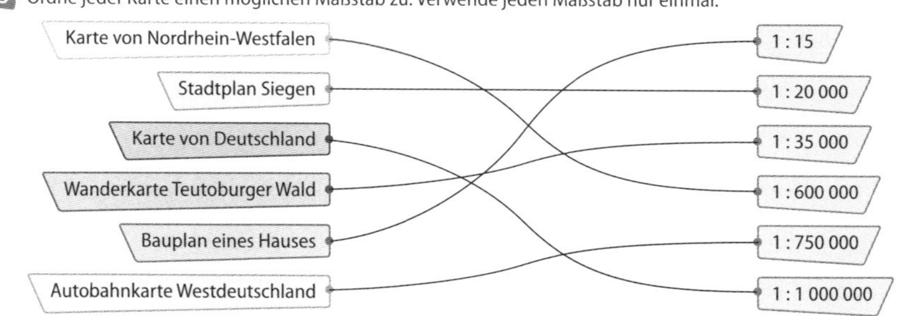

6 Bestimme den Maßstab der Karten. Die Entfernung (Luftlinie) zwischen Konstanz und Friedrichshafen beträgt in Wirklichkeit etwa 40 km.

a)

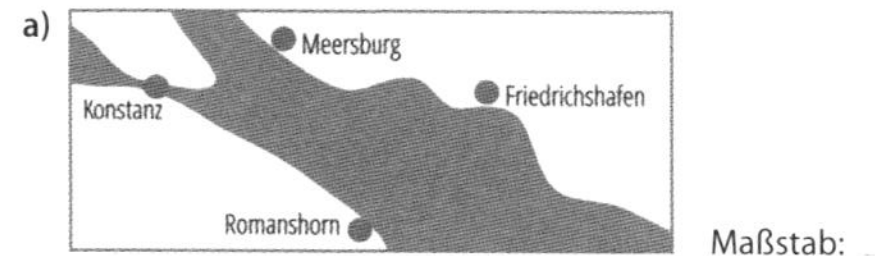

Maßstab: *1 : 1 250 000*

b)

Maßstab: *≈ 1 : 575 000*

I. Längen in verschiedenen Einheiten angeben

1 Trage die Längen in die Tabelle ein und schreibe sie in der angegebenen Einheit.

km	m 100	m 10	m 1	dm	cm	mm
			2	4	4	0
3	0	1	2			
	3	0	7	0	5	
6	7	8	0	0		

2440 mm = 24 dm 40 cm

3 km 12 m = 30 120 dm

307 m 5 cm = 30 705 cm

67 800 dm = 6 km 780 m

2 Miss die Strecken und gib sie in den gegebenen Einheiten an.

a) Seitenlänge a: 5 cm 6 mm

Seitenlänge c: 23 mm

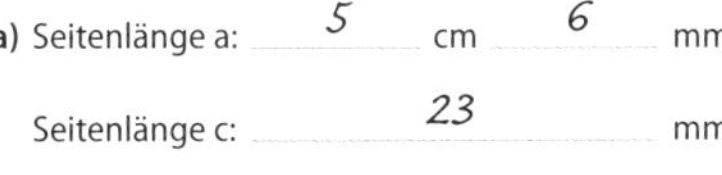

b) Seitenlänge b: 24 mm

Länge der Diagonalen e: 6 cm

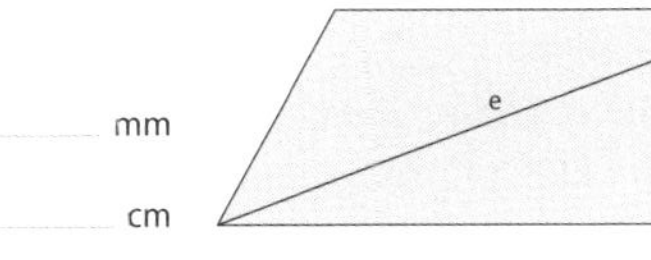

II. Massen in verschiedenen Einheiten angeben

3 Da fehlen doch Nullen! Gib die Massen in den angegebenen Einheiten an.

t	kg 100	kg 10	kg 1	g 100	g 10	g 1
		3	6	7	0	2
2	0	7	5			
	2	0	0	0	8	0
7	0	3	0	6	0	0

36 kg 702 g = 36 702 g

2 t 75 kg = 2 075 000 g

200 080 g = 200 kg 80 g

7 t 30 600 g = 7 030 600 g

4 Gib die Größen jeweils in der angegebenen Einheit an.

a) 8 kg 70 g = 8070 g — 7 t 7 kg = 7007 kg

27 t 79 kg = 27 079 kg — 1 t 750 g = 1 000 750 g

b) 12,07 kg = 12 070 g — 1,008 t = 1008 kg

15 g = 15 000 mg — 7,0251 kg = 7025,1 g

III. Zeitangaben und Geldbeträge in verschiedenen Einheiten angeben

5 Wandle in die angegebene Einheit um.

a) 1 h = 3600 s — b) 4 min = 240 s — c) 4 d = 96 h

2 h 15 min = 135 min — 6 min 12 s = 372 s — 3 d 2 h = 74 h

1 h 20 min = 4800 s — 24 min 38 s = 1478 s — 1 d 5 min = 1445 min

6 Gib die Beträge in € und ct an.

€	0,65	0,02	3,25	5,09	4	34
ct	65	2	325	509	400	3400

7 Gib das Wechselgeld an, wenn du mit dem angegebenen Geldschein bezahlst.

Preis	6,99 €	0,69 €	11,95 €	184,90 €
Geldschein	10 €	5 €	50 €	200 €
Wechselgeld	3,01 €	4,31 €	38,05 €	15,10 €

IV. Mit Maßstäben umgehen

8 Fülle die Lücken in der Tabelle aus.

Länge in Wirklichkeit	4 m	250 m	5 km
Länge auf der Karte	2 cm	5 cm	10 m
Maßstab	1 : 200	1 : 5000	1 : 500

9 Welcher Maßstab kann möglich sein? Kreuze an.

[x] 1 : 50 — [ ] 50 : 1

[ ] 1 : 20 — [x] 20 : 1

[x] 1 : 100 000 — [ ] 100 000 : 1

Teil	Ich kann bei einfachen Aufgaben …	Aufgaben	Kreuze an. 0–2	3–4	5–6
I.	Längen in verschiedenen Einheiten angeben.	1, 2	☹	😐	☺
II.	Massen in verschiedenen Einheiten angeben.	3, 4	☹	😐	☺
III.	Zeitangaben und Geldbeträge darstellen.	5, 6, 7	☹	😐	☺
IV.	mit Maßstäben umgehen.	8, 9	☹	😐	☺

I. Geometrische Figuren unterscheiden und zeichnen

1 Ergänze jeweils weitere Punkte, so dass die angegebene Figur entsteht. Es kann mehrere Möglichkeiten geben.

a) Rechteck **b)** Quadrat **c)** Dreieck

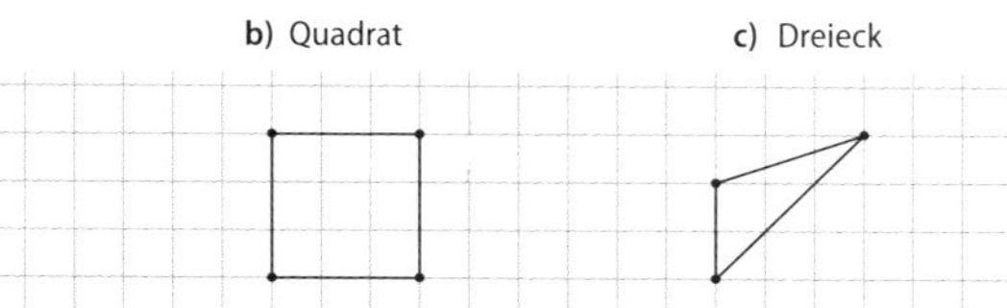

2 Beschreibe die Figur möglichst genau mit eigenen Worten.

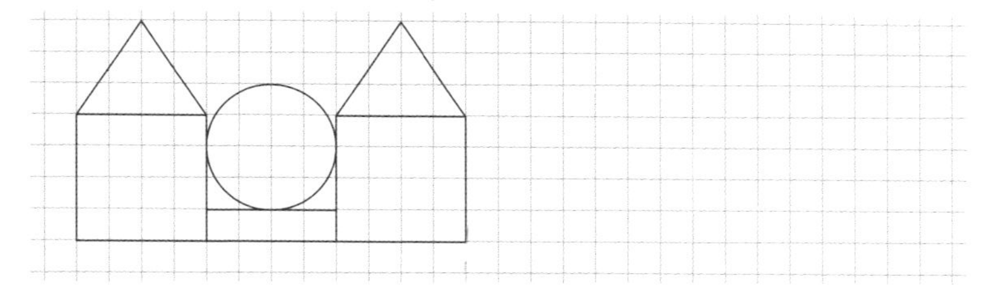

Beschreibung: *Individuelle Beschreibungen*

z. B.: achsensymmetrisch, links und rechts je ein Quadrat mit aufgesetztem Dreieck, in der Mitte ein Kreis mit einem Rechteck darunter, …

II. Längen messen und in sinnvollen Einheiten angeben

3 Miss die Länge der Strecke und gib das Ergebnis in mm an.

a)

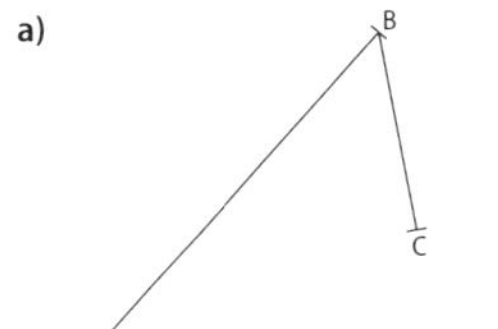

$|\overline{AB}|$ = *45 mm*

$|\overline{BC}|$ = *20 mm*

b) A B C

$|\overline{BC}|$ = *8 mm*

$|\overline{AC}|$ = *25 mm*

4 Berechne die Länge von Alinas Schulweg.
Um von zu Hause zur Schule zu gelangen, geht Alina zuerst 250 m zur Bushaltestelle, dann fährt sie 4 km mit dem Bus und steigt um 7.45 Uhr an der Haltestelle „Marktplatz“ aus. Von da sind es noch 170 m bis zur Schule.

250 m + 4000 m + 170 m = 4420 m = 4 km 420 m
Alinas Schulweg ist 4 km und 420 m lang.

5 Charlotte bereitet eine große Geburtstagsfeier vor und überlegt, was sie dafür alles braucht. Charlotte möchte ihr Zimmer für die Feier mit buntem Dekoband verschönern. Sie benötigt dafür folgende Dekoband-Stücke:
8 Stücke von je 1 m 20 cm 12 Stücke von je 75 cm 24 Stücke von je 25 cm.

a) Berechne, wie viel Dekoband Charlotte insgesamt benötigt.

Antwort: *Charlotte benötigt 24 m 60 cm Dekoband.*

b) Eine Rolle enthält 5 m Dekoband. Gib an, wie viele Rollen Charlotte kaufen muss.

Antwort: *Sie muss fünf Dekobandrollen kaufen.*

III. Längeneinheiten umwandeln

6 Wandle die Längenangabe in die in der Klammer angegebene Maßeinheit um.

a) 102 m (cm) = *10 200 cm* 23 cm 7 mm (mm) = *237 mm*

b) 42 km 209 m (m) = *42 209 m* 101 dm 70 mm (cm) = *1017 cm*

c) 679 km (m) = *679 000 m* 51 m 49 cm (cm) = *5149 cm*

7 Ergänze die zu den angegebenen Maßzahlen passenden Einheiten.

a) 7300 cm = 73 *m* 21 m = 210 *dm* 17 000 mm = 170 *dm*

b) 45 km = 45 000 *m* 990 dm = 99 *m* 101 m = 10 100 *cm*

c) 4 m 17 cm = 417 *cm* 6 km 39 m = 60 390 *dm* 20 cm 200 mm = 4 *dm*

Teil	Ich kann …	Aufgaben	Kreuze an.		
			0–2	3–4	5–6
I.	geometrische Figuren unterscheiden und zeichnen.	1, 2	☹	😐	☺
II.	Längen messen und in sinnvollen Einheiten angeben.	3, 4, 5	☹	😐	☺
III.	Längeneinheiten umwandeln.	6, 7	☹	😐	☺

1 Bestimme den Umfang der Figuren in cm.

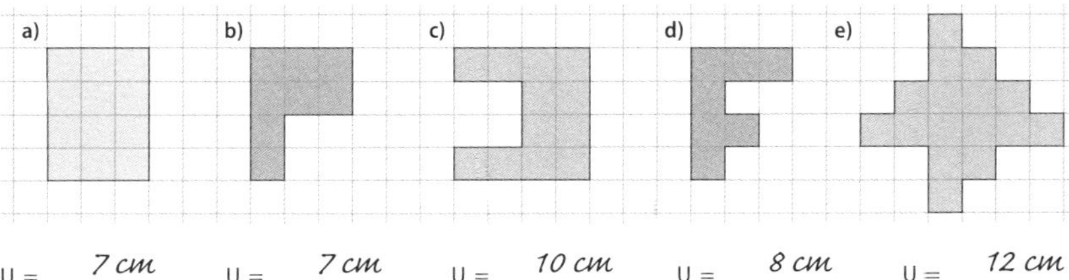

a) U = *7 cm* b) U = *7 cm* c) U = *10 cm* d) U = *8 cm* e) U = *12 cm*

2 Miss die Seitenlängen der Figur und bestimme ihren Umfang.

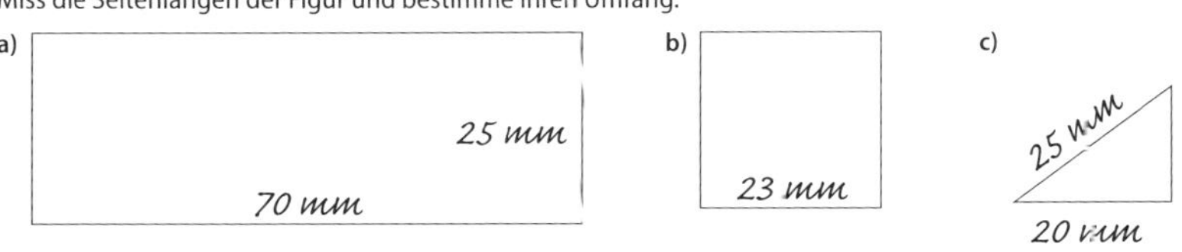

a) U = *190 mm = 19 cm* b) U = *620 mm = 62 cm* c) U = *60 mm = 6 cm*

3 Ergänze jeweils zu einem Rechteck, das den Umfang 12 cm hat.

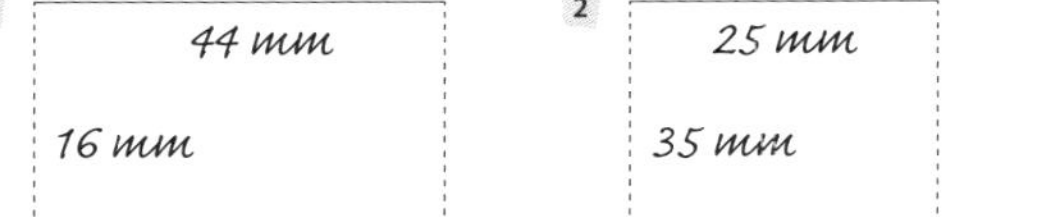

4 Ergänze die fehlenden Werte in der Tabelle.

Figur	Rechteck					Quadrat		
	a)	b)	c)	d)	e)	f)	g)	h)
Länge a	8 cm	40 dm	*1 cm*	320 m	1,12 dm	9,8 cm	*1 m 1 dm*	*6 dm 8 cm*
Breite b	5 cm	*22 dm*	87 cm	*80 m*	23 mm	*9 cm 8 mm*	*1 m 1 dm*	6,8 dm
Umfang U	*26 cm*	124 dm	17,6 dm	0,8 km	*270 mm*	*39 cm 2 mm*	4,4 m	*27 dm 2 cm*

5 Berechne die Umfangslänge jeder der vier jeweils bezüglich der gestrichelten Achse symmetrischen Figuren (Zeichnungen nicht maßstäblich).

a) 5 cm, 3 cm, 4 cm
b) 11 cm, 4 cm, 6 cm, 8 cm
c) 6 cm, 10 cm
d) 2 cm, 2 cm, 1 cm

a) U = *24 cm* b) U = *50 cm* c) U = *32 cm* d) U = *10 cm*

6 Die abgebildeten Vierecke A, B, C, D und E sind Quadrate. Das Quadrat A hat einen Umfang der Länge 24 cm und das Quadrat B einen Umfang der Länge 4 cm. Finde heraus, um wie viel cm die Umfangslänge des Quadrats E größer ist als die des Quadrats A.

Länge jeder Seite des Quadrats A: 6 cm
Länge jeder Seite des Quadrats B: 1 cm
Länge jeder Seite des Quadrats D: 5 cm
Länge jeder Seite des Quadrats C: 4 cm
Länge jeder Seite des Quadrats E: 9 cm
Umfanglänge des Quadrats E: 36 cm

E, D, C, B, A

Antwort: Die Länge des Umfangs von Quadrat E ist *12 cm* größer als die von Quadrat A.

1 Bestimme, aus wie vielen Kästchen die Figur besteht. Fasse Dreiecke geeignet zu Rechtecken zusammen.

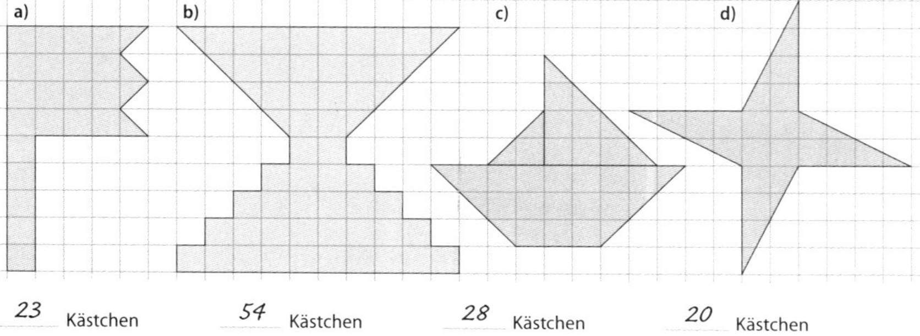

a) 23 Kästchen b) 54 Kästchen c) 28 Kästchen d) 20 Kästchen

2 Ordne die Flächen ihrer Größe nach. Beginne mit der größten Fläche.

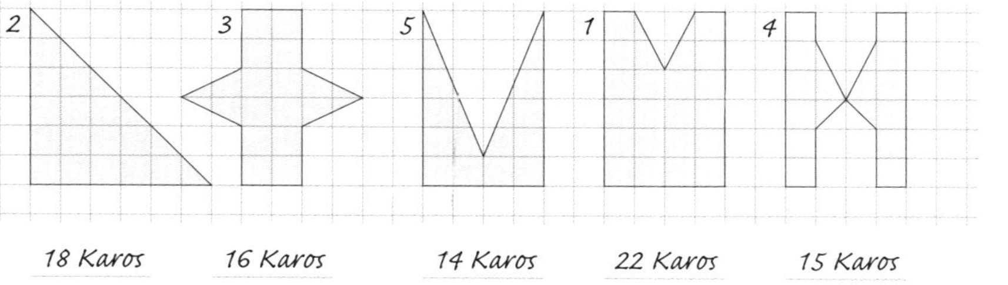

2: 18 Karos 3: 16 Karos 5: 14 Karos 1: 22 Karos 4: 15 Karos

3 Gib jeweils den Flächeninhalt der Figuren an.

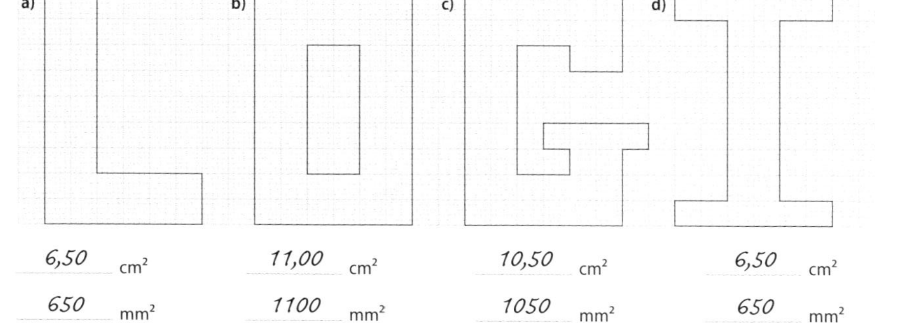

a) 6,50 cm²; 650 mm² b) 11,00 cm²; 1100 mm² c) 10,50 cm²; 1050 mm² d) 6,50 cm²; 650 mm²

4 Kreuze an, welche der Gegenstände den jeweils angegebenen Flächeninhalt haben können.

a) 2 m² ☒ Fensterscheibe ☐ Monitor ☒ Tafel ☐ Buchseite ☐ Foto

b) 1 dm² ☐ DIN-A4-Blatt ☒ Notizzettel ☐ Winddrachen ☐ Regenschirm ☒ Geldschein

c) 700 mm² ☐ Handy-Display ☒ Briefmarke ☒ Geldmünze ☐ Fernseher ☒ Knopf

5 Trage die Zahlen in die Einheitentafel ein und vervollständige die letzte Spalte.

	km²		ha		a		m²		dm²		cm²		mm²		
	10	1	10	1	10	1	10	1	10	1	10	1	10	1	
1 437 m²						4	3	7	0	0					= 43 700 dm²
2 1908 a			1	9	0	0									= 19 ha
3 14 km²	1	4	0	0											= 1400 ha
4 65 000 mm²							6	5	0	0	0	0	0	0	= 6500 dm²

6 Wandle in die nächstkleinere Einheit um.

a) 12 cm² = 1200 mm² b) 17 ha = 1700 a c) 50 a = 5000 m² d) 425 km² = 42 500 ha

7 Schreibe in der angegebenen Einheit.

a) 700 cm² = 0,07 m²; 350 m² = 35 000 dm²

b) 900 mm² = 9 cm²; 444 ha = 444 000 000 dm²

c) 3,75 a = 3 750 000 cm²; 2,4 m² = 2 400 000 mm²

8 Gehe auf Fehlersuche. Berichtige die falschen Umwandlungen.

a) 5 m² = 50 cm² *f*
5 m² = 50 000 cm²

b) 75 ha = 7500 a ✓

c) 25 dm² = 2500 mm² *f*
25 dm² = 250 000 mm²

d) 33 a = 33 000 cm² *f*
33 a = 33 000 000 cm²

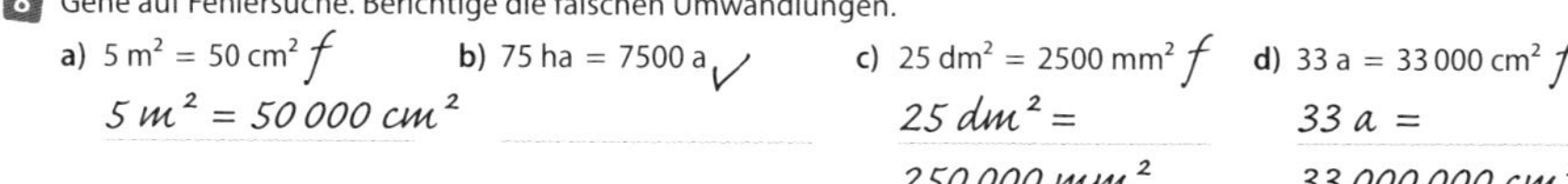

9 Geheimschrift. Knack den Flächencode.

A	B	C	D	E	F	G	H	I	J	K	L	M	N	O	P	Q	R	S	T	U	V	W	X	Y	Z
1	2	3	4	5	6	7	8	9	10	11	12	13	14	15	16	17	18	19	20	21	22	23	24	25	26

Botschaft: *Das Delta Buch ist super.*

Umfang und Flächeninhalt von Rechteck und Quadrat

1 Bestimme den Flächeninhalt und den Umfang der abgebildeten Rechtecke.

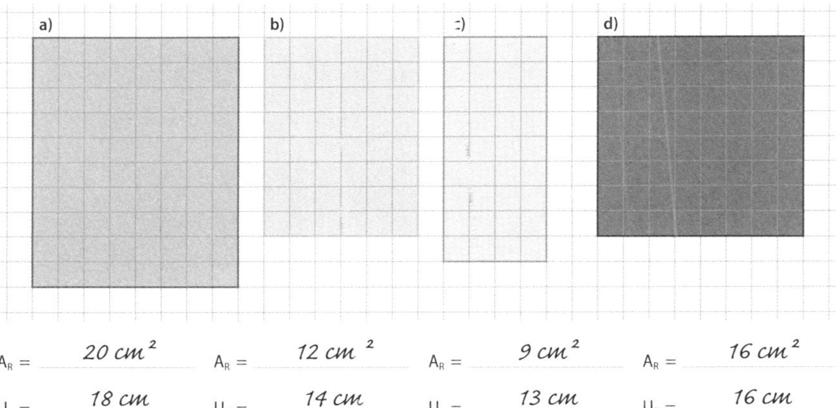

a) A_R = *20 cm²* U_R = *18 cm*

b) A_R = *12 cm²* U_R = *14 cm*

c) A_R = *9 cm²* U_R = *13 cm*

d) A_R = *16 cm²* U_R = *16 cm*

2 Bestimme die fehlenden Größen eines Rechtecks.

	a)	b)	c)	d)	e)
a	5 cm	35 mm	*13 dm 5 cm*	75 m	*3150 m*
b	7 cm	*15 mm*	9 dm	*20 m*	750 m
A_R	*35 cm²*	525 mm²	*12 150 cm²*	15 a	*2 362 500 m²*
U_R	*24 cm*	*100 mm*	45 dm	*190 m*	7 km 800 m

3 Vervollständige die Quadrate. Bestimme jeweils den Flächeninhalt und den Umfang.

a)

A_Q = *16 cm²* U_Q = *16 cm*

b)

A_Q = *3 cm²* U_Q = *12 cm*

4 Bestimme die Seitenlänge a und den Umfang U eines Quadrats mit dem gegebenen Flächeninhalt.

a) $A_Q = 169\ cm^2$ a = *13 cm* U_Q = *52 cm*

b) $A_Q = 625\ m^2$ a = *25 m* U_Q = *100 m*

c) $A_Q = 1\ m^2\ 21\ dm^2$ a = *11 dm* U_Q = *44 dm*

 ➲ Schülerbuch Seite 168

Flächeninhalt weiterer Figuren

1 Zeige durch Zerlegen, dass die beiden Figuren jeweils denselben Flächeninhalt besitzen. Gib an, wie groß er ist.

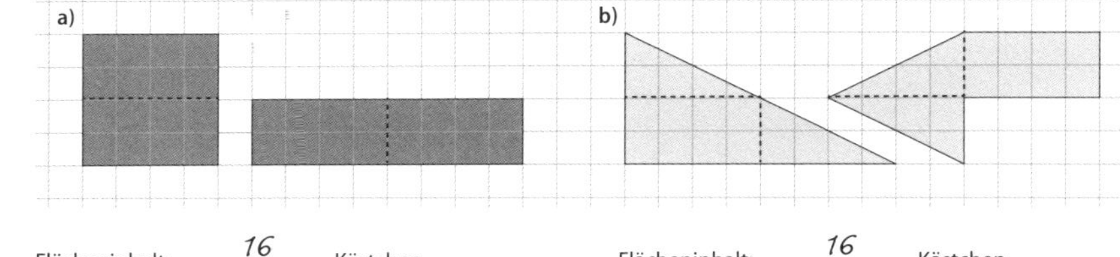

a) Flächeninhalt: *16* Kästchen

b) Flächeninhalt: *16* Kästchen

2 Bestimme, welche Figuren denselben Flächeninhalt haben.

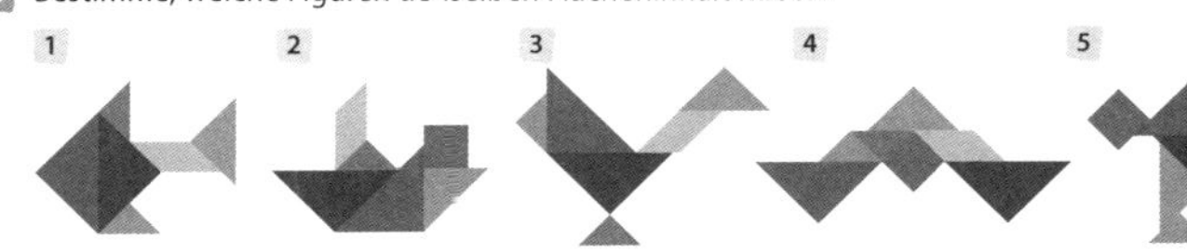

1 und 3; 2 und 6; 4 und 5

3 Zerlege die verschiedenen Figuren in gleiche Teilstücke und färbe diese jeweils gleich. Beschreibe deine Beobachtung.

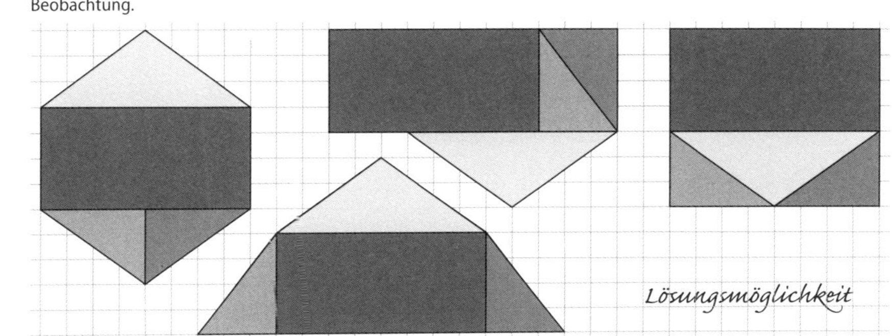

Alle Figuren haben dieselben Teilstücke und deshalb denselben Fächeninhalt.

4 Das Flächenmaß für Länder wird in Quadratkilometern (km²) angegeben. Berechne, wie viele Fußballfelder (105 m lang, 68 m breit) auf 1 km² Fläche passen.

Antwort: Es passen etwa *140* Fußballfelder auf 1 km² Fläche.

$A_{Fußballfeld} = 105\ m \cdot 68\ m$

630 m²
840 m²
7140 m²

$1\ km^2 = 1000\ m \cdot 1000\ m = 1\,000\,000\ m^2$

Anzahl:
$1\,000\,000\ m^2 : 7140\ m^2 \approx 140$

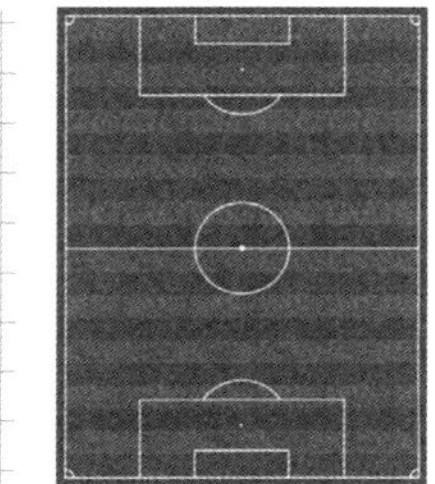

➲ Schülerbuch Seite 176

I. Umfänge bestimmen

1 Ergänze die fehlenden Angaben.

Figur	Länge a	Länge b	Umfang U
Rechteck	35 mm	2 cm 5 mm	12 cm
Quadrat	9 cm	9 cm	3,6 dm
Rechteck	200 mm	105 mm	61 cm

2 Berechne den Umfang der abgebildeten Figuren (Zeichnung nicht maßgenau).

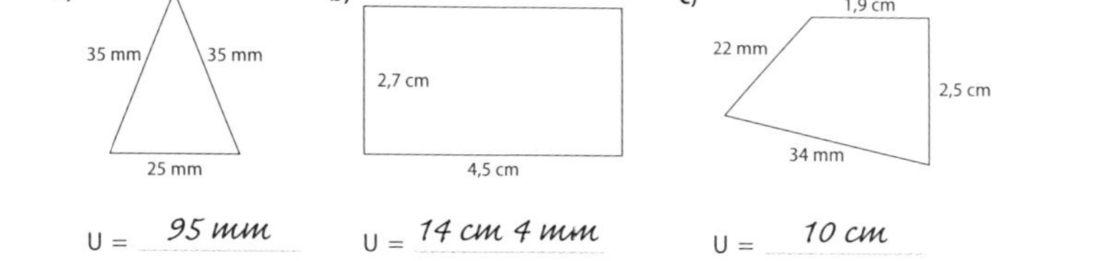

a) U = 95 mm b) U = 14 cm 4 mm c) U = 10 cm

II. Flächen messen und Flächeneinheiten umwandeln

3 Bestimme den Flächeninhalt der abgebildeten Rechtecke.

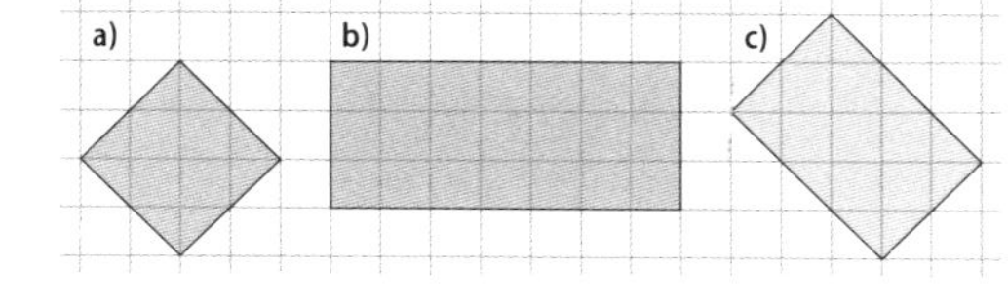

a) 8 Kästchen
b) 21 Kästchen
c) 12 Kästchen

4 Bestimme den Flächeninhalt der abgebildeten Figuren in mm^2.

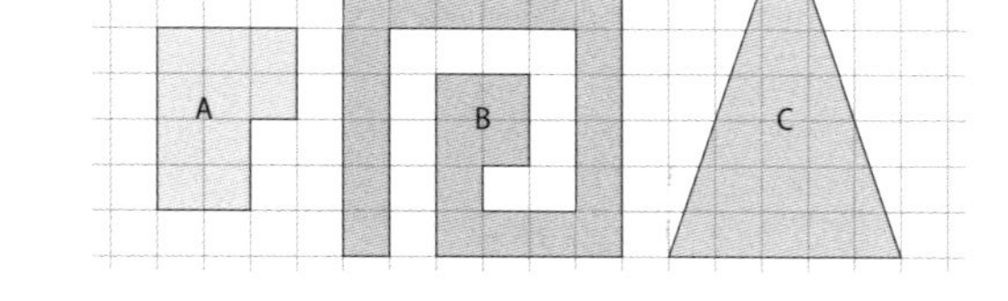

A = 250 mm^2
B = 600 mm^2
C = 450 mm^2

5 Wandle in die angegebene Einheit um.

a) $349\ m^2$ = 3 490 000 cm^2 b) $27\ km^2$ = 270 000 a

$34{,}02\ dm^2$ = 34 200 mm^2 2,12 a = 2 120 000 cm^2

III. Umfänge und Flächeninhalte von Rechteck und Quadrat berechnen

6 Vervollständige die Tabelle.

	Länge	Breite	Flächeninhalt	Umfang
Rechteck 1	5 cm	6 cm	$30\ cm^2$	22 cm
Rechteck 2	4,6 dm	57 cm	$2622\ cm^2$	206 cm
Rechteck 3	8 dm	6 dm	$48\ dm^2$	28 dm
Quadrat 1	16 mm	16 mm	$256\ mm^2$	64 mm
Quadrat 2	25 m	25 m	$625\ m^2$	100 m
Quadrat 3	7,6 dm	7,6 dm	$57{,}76\ dm^2$ ($= 5776\ cm^2$)	30,4 dm

IV. Flächeninhalte weiterer Figuren bestimmen

7 Zeige durch Zerlegung, dass alle Figuren den gleichen Flächeninhalt haben.

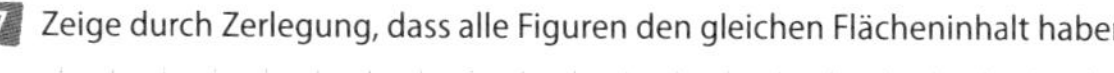
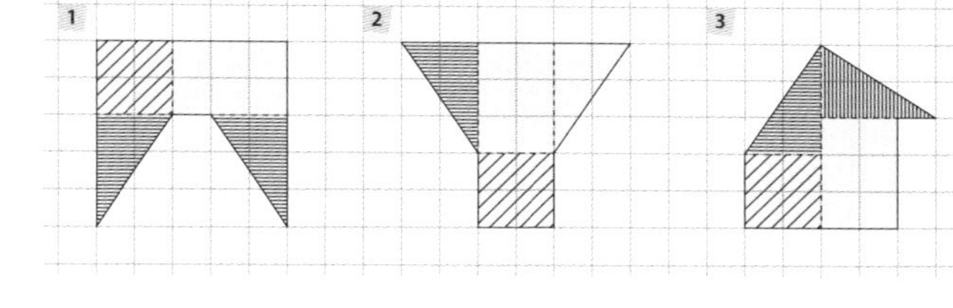

8 Berechne den Flächeninhalt der Figur.

a) 7,6 cm; 3 cm; 7 cm
b) 4 cm; 3 cm; 5 cm
c) 3 cm; 2 cm; 3 cm

A_D = 10,5 cm^2 A_P = 15 cm^2 A = $3\ cm^2 + 9\ cm^2 = 12\ cm^2$

Teil	Ich kann bei einfachen Aufgaben ...	Aufgaben	Kreuze an.		
			0–2	3–4	5–6
I.	Umfänge bestimmen.	1, 2	☹	😐	☺
II.	Flächen messen und Flächeneinheiten umwandeln.	3, 4, 5	☹	😐	☺
III.	Umfänge und Flächeninhalte von Rechteck und Quadrat berechnen.	6	☹	😐	☺
IV.	Flächeninhalte weiterer Figuren bestimmen.	7, 8	☹	😐	☺

I. Zusammenhänge im kleinen 1x1 beschreiben

1 a) Kreuze alle Vielfachen von 3 in rot, alle Vielfachen von 9 in blau und alle Vielfachen von 10 in grün an.

1	2	3	4	5	6	7	8	9	10
11	12	13	14	15	16	17	18	19	20
21	22	23	24	25	26	27	28	29	30
31	32	33	34	35	36	37	38	39	40
41	42	43	44	45	46	47	48	49	50
51	52	53	54	55	56	57	58	59	60
61	62	63	64	65	66	67	68	69	70
71	72	73	74	75	76	77	78	79	80
81	82	83	84	85	86	87	88	89	90
91	92	93	94	95	96	97	98	99	100

b) Beschreibe Zusammenhänge zwischen den Zahlreihen, die du erkennst.

Im Hunderterfeld liegen alle Vielfachen von 10 untereinander. Die 9er-Reihe ist immer eins weniger als 10, also ergibt sich eine Diagonale. Ebenso ergeben sich bei der 3er-Reihe dann drei Diagonalen, da jedes Vielfache von 3 in der Folgereihe immer 10 − 1 = 9 links daneben liegt.

II. Zahlenreihen bestimmen

2 Notiere die angegebene Zahlenreihe.

a) 12er

12	24	36	48	60	72	84	96	108	120

b) 15er

15	30	45	60	75	90	105	120	135	150

c) 18er

18	36	54	72	90	108	126	144	162	180

3 Setze die Zahlenfolge drei Schritte nach links und nach rechts fort. Gib jeweils die Regelmäßigkeit an.

Beispiel

___, ___, ___, 30, 35, 33, 38, ___, ___, ___

Lösung:

29, *27*, *32*, 30, 35, 33, 38, *36*, *41*, *39*
(−2, +5, −2, +5, −2, +5, −2, +5, −2)

a) *60*, *69*, *78*, 87, 96, 105, 114, *123*, *132*, *141*
(+9 +9 +9 +9 +9 +9 +9 +9 +9)

b) *33*, *36*, *40*, 45, 51, 58, 66, *75*, *85*, *96*
(+3 +4 +5 +6 +7 +8 +9 +10 +11)

4 Setze die Zahlenfolgen drei Schritte nach links und rechts fort. Schreibe die Regelmäßigkeit, die du erkennst, unter die einzelnen Schritte.

a) *41*, *49*, *57*, 65, 73, 81, 89, *97*, *105*, *113*

+8	+8	+8	+8	+8	+8	+8	+8	+8

b) *1*, *6*, *18*, 23, 69, 74, 222, 227, *681*, *686*, *2058*

+5	·3	+5	·3	+5	·3	+5	·3	+5	·3

III. Natürliche Zahlen multiplizieren und dividieren

5 Multipliziere schriftlich.

a) 27 · 462 = *12 474* b) 78 · 2638 = *205 764* c) 20 509 · 32 = *656 288*

6 Dividiere schriftlich.

a) 712 : 8 = *89* b) 3942 : 6 = *657* c) 3123 : 9 = *347*

Teil	Ich kann ...	Aufgaben	Kreuze an.		
			0–2	3–4	5–6
I.	Zusammenhänge im kleinen Einmaleins beschreiben.	1	☹	😐	☺
II.	Zahlenreihen bestimmen.	2, 3, 4	☹	😐	☺
II.	Natürliche Zahlen multiplizieren und dividieren.	5, 6	☹	😐	☺

Teiler und Vielfache

1 Bestimme sämtliche Teiler der gegebenen Zahl, indem du sie in Faktoren zerlegst.

a) 16 = 1 · 16
16 = 2 · 8
16 = 4 · 4
T_{16} = { 1; 2; 4; 8; 16 }

b) 20 = 1 · 20
20 = 2 · 10
20 = 4 · 5
T_{20} = { 1; 2; 4; 5; 10; 20 }

c) 48 = 1 · 48
48 = 2 · 24
48 = 3 · 16
48 = 4 · 12
48 = 6 · 8
T_{48} = { 1; 2; 3; 4; 6; 8; 12; 16; 24; 48 }

2 Ein Memoryspiel besteht aus 24 Kärtchen. Zeichne alle Rechtecke auf, in denen man die Karten anordnen kann.

3 Bestimme zunächst die Vielfachen jeder Zahl. Markiere gemeinsame Vielfache farbig und bestimme damit die gemeinsamen Vielfachen beider Zahlen.

a) V_3 = { 3; 6; 9; 12; 15; 18; 21; 24; 27; 30; 33; …}

V_4 = { 4; 8; 12; 16; 20; 24; 28; 32; 36; 40; 44; …}

gemeinsame Vielfache (3; 4) = { 12; 24; 36; 48; … }

b) V_{12} = { 12; 24; 36; 48; 60; 72; 84; 96; 108; 120; 132; …}

V_{15} = { 15; 30; 45; 60; 75; 90; 105; 120; 135; 150; 165; …}

gemeinsame Vielfache (12; 15) = { 60; 120; 180; … }

4 Bestimme die Teilermengen der Zahlen. Markiere gemeinsame Teiler farbig.

a) T_{18} = { 1; 2; 3; 6; 9; 18 }

T_{42} = { 1; 2; 3; 6; 7; 14; 21; 42 }

b) T_{56} = { 1; 2; 4; 7; 8; 14; 28; 56 }

T_{64} = { 1; 2; 4; 8; 16; 32; 64 }

Teilbarkeitsregeln

1 Überprüfe auf Teilbarkeit. Kreuze an.

	236	290	477	1292	47 100	26 454 822
teilbar durch 2	x	x		x	x	x
teilbar durch 4	x			x	x	
teilbar durch 5		x			x	
teilbar durch 10		x			x	

2 Stelle aus den Ziffern jeweils vierstellige Zahlen zusammen, die teilbar sind durch …

a) 4, aber nicht durch 5: 9016; 1096

b) 4 und 5: 9160; 1960

c) 2 und 5, aber nicht durch 4: 1690; 6190; 6910; 9610

3 Bestimme die Quersumme und entscheide über die Teilbarkeit.

Zahl	Quersumme	teilbar durch 3		teilbar durch 9	
64 152	6 + 4 + 1 + 5 + 2 = 18	x ja	nein	x ja	nein
54 732	5 + 4 + 7 + 3 + 2 = 21	x ja	nein	ja	x nein
37 269	3 + 7 + 2 + 6 + 9 = 27	x ja	nein	x ja	nein
939 421	9 + 3 + 9 + 4 + 2 + 1 = 28	ja	x nein	ja	x nein
631 844 021	6 + 3 + 1 + 8 + 4 + 4 + 2 + 1 = 29	ja	x nein	ja	x nein
451 834 629	4 + 5 + 1 + 8 + 3 + 4 + 6 + 2 + 9 = 42	x ja	nein	ja	x nein

4 Markiere Zahlen, die durch 3, 4 oder 5 teilbar sind. Der Größe nach geordnet ergeben die Buchstaben ein Lösungswort. Beginne mit der kleinsten Zahl.

79 M	94 G	45 S	95 H	27 I	47 T	62 S	92 O	49 A
29 O	22 F	81 L	56 E	99 N	82 E	98 R	78 R	

Lösungswort: I S E R L O H N

5 Margot meint: „Mein Alter, das meiner Mutter und das meiner Oma ist jeweils durch 6 teilbar. Letztes Jahr waren alle Altersangaben durch 5 teilbar. Dabei ist meine Oma noch keine 70." Bestimme, wie alt Margot, ihre Mutter und ihre Oma sind.

Margot: 6 Jahre Mutter: 36 Jahre

Oma: 66 Jahre

Besondere Teiler und Vielfache: Primzahlen

1 Finde alle Primzahlen zwischen 1 und 150. Gehe wie folgt vor:
1. Kreise dazu die erste freie Zahl ein (Start: 2) und streiche alle Vielfacher von ihr.
2. Gehe dann zur nächsten freien Zahl über (in diesem Fall die 3) und wiederhole Schritt 1.

	(2)	(3)	~~4~~	(5)	~~6~~	(7)	~~8~~	~~9~~	~~10~~	(11)	~~12~~	(13)	~~14~~	~~15~~
~~16~~	(17)	~~18~~	(19)	~~20~~	~~21~~	~~22~~	(23)	~~24~~	~~25~~	~~26~~	~~27~~	~~28~~	(29)	~~30~~
(31)	~~32~~	~~33~~	~~34~~	~~35~~	~~36~~	(37)	~~38~~	~~39~~	~~40~~	(41)	~~42~~	(43)	~~44~~	~~45~~
~~46~~	(47)	~~48~~	~~49~~	~~50~~	~~51~~	~~52~~	(53)	~~54~~	~~55~~	~~56~~	~~57~~	~~58~~	(59)	~~60~~
(61)	~~62~~	~~63~~	~~64~~	~~65~~	~~66~~	(67)	~~68~~	~~69~~	~~70~~	(71)	~~72~~	(73)	~~74~~	~~75~~
~~76~~	~~77~~	~~78~~	(79)	~~80~~	~~81~~	~~82~~	(83)	~~84~~	~~85~~	~~86~~	~~87~~	~~88~~	(89)	~~90~~
~~91~~	~~92~~	~~93~~	~~94~~	~~95~~	~~96~~	(97)	~~98~~	~~99~~	~~100~~	(101)	~~102~~	(103)	~~104~~	~~105~~
~~106~~	(107)	~~108~~	(109)	~~110~~	~~111~~	~~112~~	(113)	~~114~~	~~115~~	~~116~~	~~117~~	~~118~~	~~119~~	~~120~~
~~121~~	~~122~~	~~123~~	~~124~~	~~125~~	~~126~~	(127)	~~128~~	~~129~~	~~130~~	(131)	~~132~~	~~133~~	~~134~~	~~135~~
~~136~~	(137)	~~138~~	(139)	~~140~~	~~141~~	~~142~~	~~143~~	~~144~~	~~145~~	~~146~~	~~147~~	~~148~~	(149)	~~150~~

2 Zerlege in Primfaktoren.

a) $45 = 3 \cdot 3 \cdot 5$ b) $96 = 2 \cdot 2 \cdot 2 \cdot 2 \cdot 2 \cdot 3$ c) $70 = 2 \cdot 5 \cdot 7$

d) $38 = 2 \cdot 19$ e) $450 = 2 \cdot 3 \cdot 3 \cdot 5 \cdot 5$ f) $123 = 3 \cdot 41$

3 a) Schreibe alle geraden Zahlen zwischen 4 und 20 als Summe zweier Primzahlen.

4 = 2 + 2 6 = 3 + 3 8 = 5 + 3 10 = 7 + 3 12 = 7 + 5

14 = 7 + 7 16 = 13 + 3 18 = 13 + 5 20 = 17 + 3

b) Christian Goldbach war Lehrer des russischen Zaren Peter II. Er hatte bereits 1742 die Vermutung, dass sich alle geraden Zahlen als Summe zweier Primzahlen darstellen lassen. Überprüfe die Goldbach'sche Vermutung bis zur Zahl 62. Nutze dazu Aufgabe 1.

Lösungsmöglichkeiten

22 = 17 + 5 24 = 19 + 5 26 = 23 + 3

28 = 23 + 5 30 = 23 + 7 32 = 13 + 19

34 = 23 + 11 36 = 23 + 13 38 = 31 + 7

40 = 37 + 3 42 = 37 + 5 44 = 37 + 7

46 = 41 + 5 48 = 41 + 7 50 = 47 + 3

52 = 47 + 5 54 = 47 + 7 56 = 53 + 3

58 = 53 + 5 60 = 53 + 7 62 = 59 + 3

 Schülerbuch Seite 198

Anteile erkennen

1 Gib an, in wie viele Stammbrüche die Figur bzw. der Körper zerlegt ist. Wie heißt ein solcher Teil?

a) b) c) d)

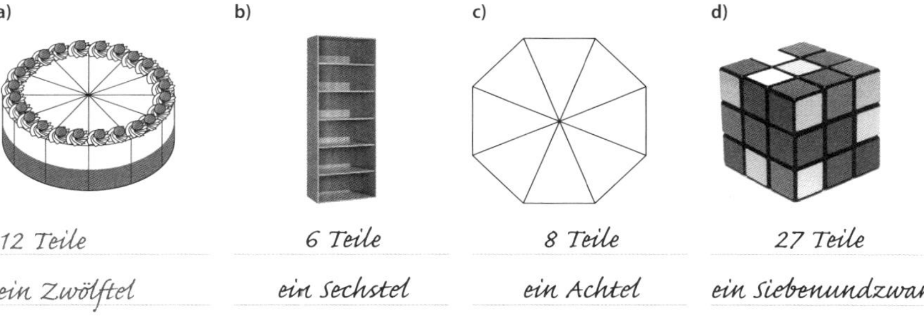

a) 12 Teile – ein Zwölftel
b) 6 Teile – ein Sechstel
c) 8 Teile – ein Achtel
d) 27 Teile – ein Siebenundzwanigstel

2 Markiere jeweils die Hälfte, ein Viertel und ein Achtel der Figuren in verschiedenen Farben.

a) b) c) d)

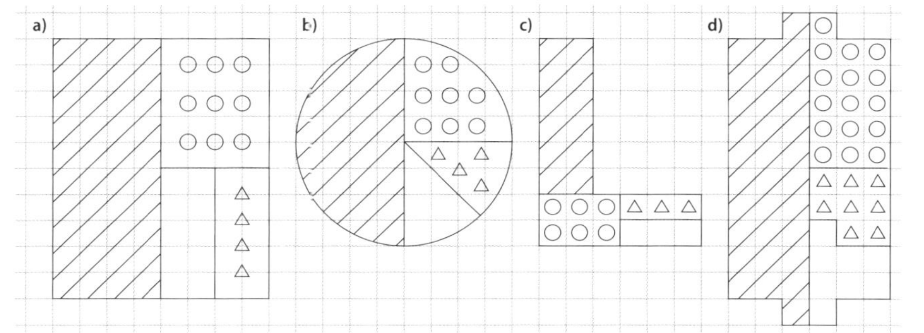

3 Ergänze die dargestellten Figuren jeweils zum Ganzen.

a) $\frac{1}{3}$ b) $\frac{1}{2}$ c) $\frac{1}{4}$ d) $\frac{1}{20}$

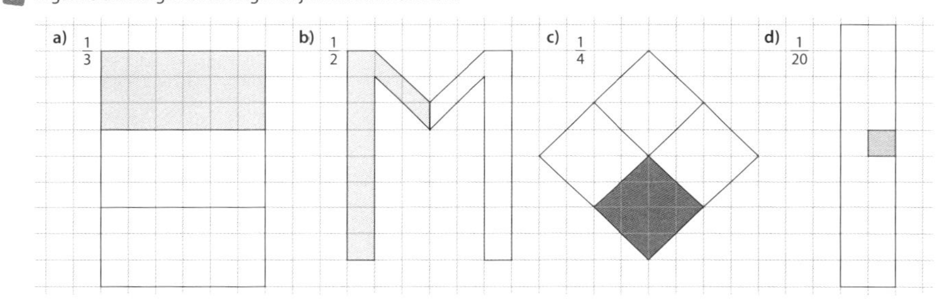

4 Markiere auf der Strecke die angegebenen Bruchteile und gib jeweils die zugehörige Länge an.

0 $\frac{1}{24}$ $\frac{1}{12}$ $\frac{1}{10}$ $\frac{1}{8}$ $\frac{1}{6}$ $\frac{1}{4}$ $\frac{1}{2}$ 1

1 Ganzes ≙ 12 cm $\frac{1}{2}$ ≙ 6 cm $\frac{1}{4}$ ≙ 3 cm $\frac{1}{6}$ ≙ 2 cm

$\frac{1}{8}$ ≙ 1,5 cm $\frac{1}{10}$ ≙ 1,2 cm $\frac{1}{12}$ ≙ 1 cm $\frac{1}{24}$ ≙ 0,5 cm

Schülerbuch Seite 202

Anteile herstellen

1 Welcher Anteil ist jeweils eingefärbt, welcher ist weiß?

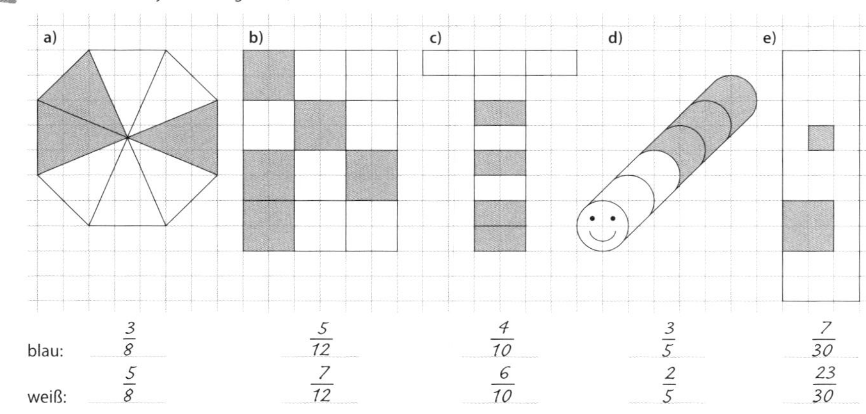

	a)	b)	c)	d)	e)
blau:	$\frac{3}{8}$	$\frac{5}{12}$	$\frac{4}{10}$	$\frac{3}{5}$	$\frac{7}{30}$
weiß:	$\frac{5}{8}$	$\frac{7}{12}$	$\frac{6}{10}$	$\frac{2}{5}$	$\frac{23}{30}$

2 Welcher Anteil an der Gesamtstrecke wird durch jeden Buchstaben markiert?

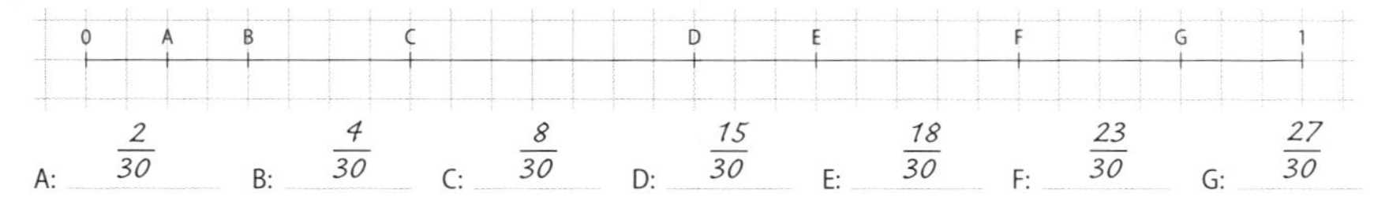

A: $\frac{2}{30}$ B: $\frac{4}{30}$ C: $\frac{8}{30}$ D: $\frac{15}{30}$ E: $\frac{18}{30}$ F: $\frac{23}{30}$ G: $\frac{27}{30}$

3 Gib jeweils an, welcher Anteil der Figuren zum Ganzen fehlt. Vervollständige die Figur zum Ganzen.

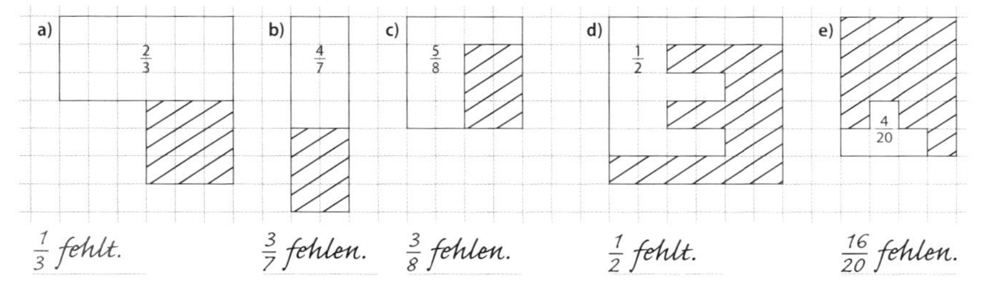

a) $\frac{1}{3}$ fehlt. b) $\frac{3}{7}$ fehlen. c) $\frac{3}{8}$ fehlen. d) $\frac{1}{2}$ fehlt. e) $\frac{16}{20}$ fehlen.

4 Färbe den angegebenen Bruchteil der Fläche.

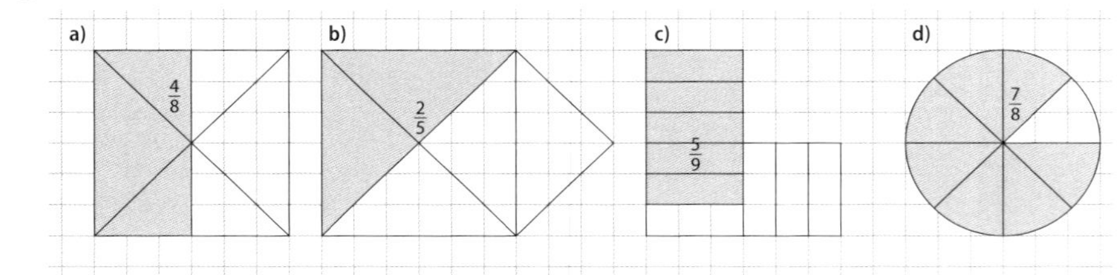

Anteile auf verschiedene Arten angeben

1 Bestimme die Anteile. Gib an, mit welcher Zahl erweitert bzw. gekürzt wurde.

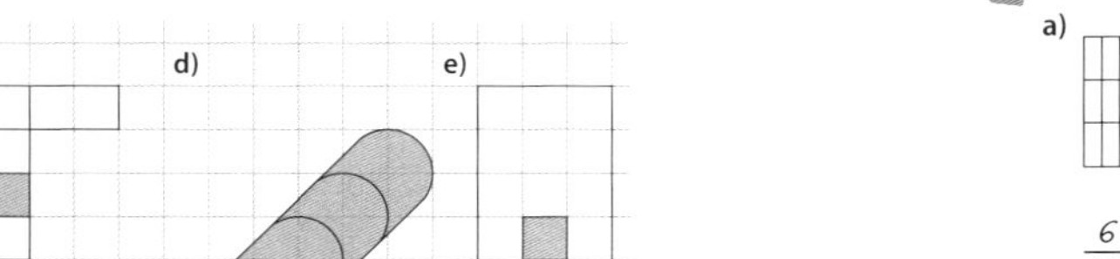
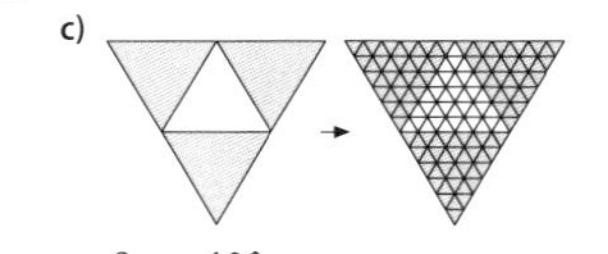

a) $\frac{6}{15} = \frac{2}{5}$; mit 3 gekürzt

b) $\frac{12}{20} = \frac{3}{5}$; mit 4 gekürzt

c) $\frac{3}{4} = \frac{108}{144}$; mit 36 erweitert

d) $\frac{4}{8} = \frac{1}{2}$; mit 4 gekürzt

e) $\frac{33}{51} = \frac{11}{17}$; mit 3 gekürzt

f) $\frac{2}{3} = \frac{18}{27}$; mit 9 erweitert

2 Kürze mit der angegebenen Zahl.

a) mit 4: $\frac{12}{64} = \frac{12:4}{64:4} = \frac{3}{16}$

b) mit 3: $\frac{39}{12} = \frac{39:3}{12:3} = \frac{13}{4}$

c) mit 5: $\frac{75}{50} = \frac{75:25}{50:25} = \frac{3}{2}$

d) mit 2: $\frac{18}{26} = \frac{18:2}{26:2} = \frac{9}{13}$

e) mit 8: $\frac{256}{152} = \frac{265:8}{152:8} = \frac{32}{19}$

f) mit 7: $\frac{49}{84} = \frac{49:7}{84:7} = \frac{7}{12}$

3 Erweitere die Brüche.

a) mit 5: $\frac{3}{8} = \frac{3 \cdot 5}{8 \cdot 5} = \frac{15}{40}$

b) mit 4: $\frac{2}{3} = \frac{2 \cdot 4}{3 \cdot 4} = \frac{8}{12}$

c) mit 13: $\frac{5}{7} = \frac{5 \cdot 13}{7 \cdot 13} = \frac{65}{91}$

d) mit 3: $\frac{1}{5} = \frac{1 \cdot 3}{5 \cdot 3} = \frac{3}{15}$

e) mit 6: $\frac{13}{16} = \frac{13 \cdot 6}{16 \cdot 6} = \frac{78}{96}$

f) mit 2: $\frac{10}{36} = \frac{10 \cdot 2}{36 \cdot 2} = \frac{20}{72}$

4 Veranschauliche das Erweitern und vervollständige.

a) Erweitere $\frac{1}{2}$ mit 3: $\frac{1}{2} = \frac{3}{6}$

b) Erweitere $\frac{1}{3}$ mit 2: $\frac{1}{3} = \frac{2}{6}$

c) Erweitere $\frac{1}{2}$ mit 4: $\frac{1}{2} = \frac{4}{8}$

d) Erweitere $\frac{1}{3}$ mit 5: $\frac{1}{3} = \frac{5}{15}$

5 Veranschauliche das Kürzen und vervollständige.

a) Kürze mit 2: $\frac{4}{10} = \frac{2}{5}$

b) Kürze mit 2: $\frac{4}{8} = \frac{2}{4}$

c) Kürze mit 3: $\frac{6}{12} = \frac{2}{4}$

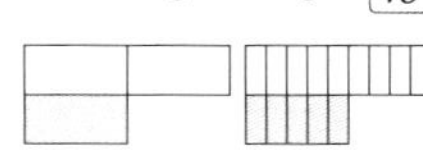

I. Teiler und Vielfache bestimmen

1 Wahr oder falsch? Kreuze an.

	wahr	falsch
3 ist ein Teiler von 36.	X	
8 ist ein Teiler von 18.		X
25 ist ein Vielfaches von 5.	X	
66 ist ein Vielfaches von 4.		X
4 ist ein Teiler von 24.	X	
40 ist ein Vielfaches von 11.		X

2 Ordne die Zahlenmengen richtig zu und verbinde.

{1; 3; 9; 27} — T_{27}

{1; 11; 121} — T_{121}

{9; 18; 27; 36; ...} — V_9

{13; 26; 39; 52; ...} — V_{13}

{1; 11} — T_{11}

{3; 6; 9; 12; ...} — V_3

II. Teilbarkeitsregeln anwenden

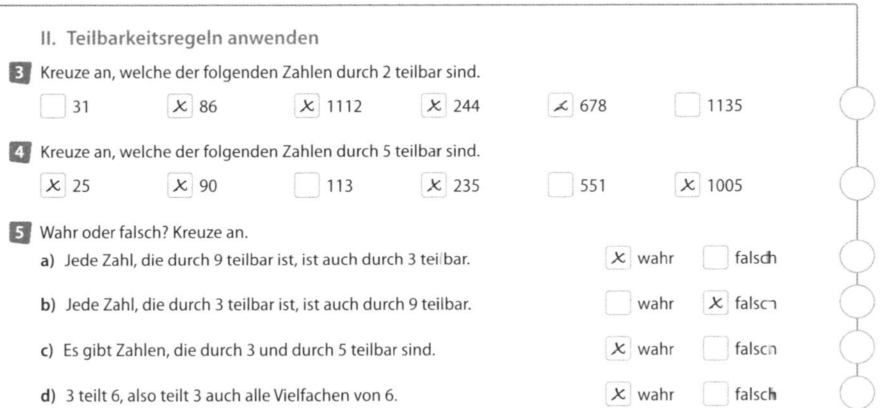

3 Kreuze an, welche der folgenden Zahlen durch 2 teilbar sind.

☐ 31 ☒ 86 ☒ 1112 ☒ 244 ☒ 678 ☐ 1135

4 Kreuze an, welche der folgenden Zahlen durch 5 teilbar sind.

☒ 25 ☒ 90 ☐ 113 ☒ 235 ☐ 551 ☒ 1005

5 Wahr oder falsch? Kreuze an.

a) Jede Zahl, die durch 9 teilbar ist, ist auch durch 3 teilbar. ☒ wahr ☐ falsch

b) Jede Zahl, die durch 3 teilbar ist, ist auch durch 9 teilbar. ☐ wahr ☒ falsch

c) Es gibt Zahlen, die durch 3 und durch 5 teilbar sind. ☒ wahr ☐ falsch

d) 3 teilt 6, also teilt 3 auch alle Vielfachen von 6. ☒ wahr ☐ falsch

III. Besondere Teiler und Vielfache bestimmen

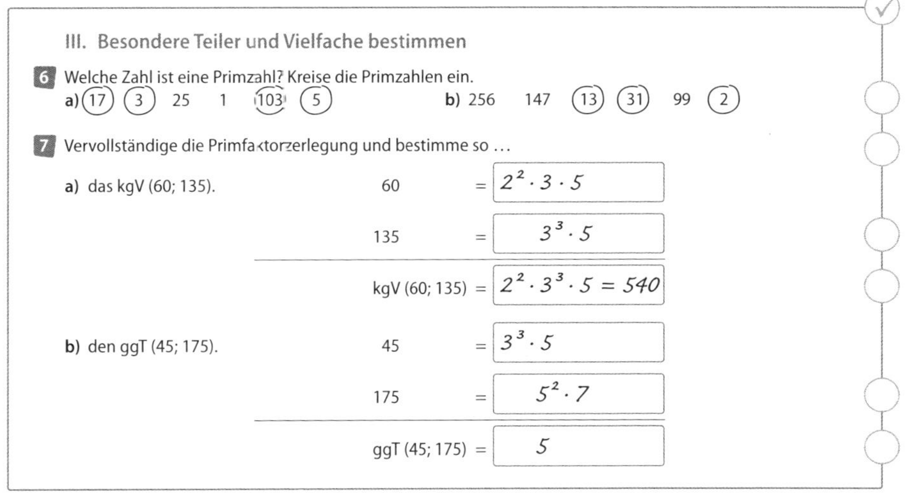

6 Welche Zahl ist eine Primzahl? Kreise die Primzahlen ein.

a) (17) (3) 25 1 (103) (5) b) 256 147 (13) (31) 99 (2)

7 Vervollständige die Primfaktorzerlegung und bestimme so ...

a) das kgV (60; 135).

60 = $2^2 \cdot 3 \cdot 5$

135 = $3^3 \cdot 5$

kgV (60; 135) = $2^2 \cdot 3^3 \cdot 5 = 540$

b) den ggT (45; 175).

45 = $3^3 \cdot 5$

175 = $5^2 \cdot 7$

ggT (45; 175) = 5

IV. Anteile auf verschiedene Arten bestimmen

8 Gib den Anteil der Figuren an, der jeweils gefärbt und der nicht gefärbt wurde.

a) $\frac{2}{10}; \frac{8}{10}$ b) $\frac{8}{9}; \frac{1}{9}$ c) $\frac{9}{25}; \frac{16}{25}$

9 Gib jeweils an, wie viel ein Kind bekommt, wenn ...

a) zehn Kinder fünf Äpfel gerecht verteilen. $\frac{1}{2}$

b) acht Kinder sechs Kuchenstücke gleichmäßig verteilen. $\frac{6}{8}$

c) vier Kinder drei Pizzas gleichmäßig verteilen. $\frac{3}{4}$

Teil	Ich kann bei einfachen Aufgaben ...	Aufgaben	Kreuze an.		
			0–2	3–4	5–6
I.	Teiler und Vielfache bestimmen.	1, 2	☹	😐	☺
II.	Teilbarkeitsregeln anwenden.	3, 4, 5	☹	😐	☺
III.	besondere Teiler und Vielfache bestimmen.	6, 7	☹	😐	☺
IV.	Anteile auf verschiedene Arten bestimmen.	8, 9	☹	😐	☺